钱学森智库——著

洞见新的世界

钱学森与他开启的智慧之门

五洲传播出版社　科学出版社

图书在版编目（CIP）数据

洞见新的世界：钱学森与他开启的智慧之门 / 钱学森智库
著 . -- 北京：五洲传播出版社：科学出版社，2021.6
ISBN 978-7-5085-4680-3
Ⅰ . ①洞… Ⅱ . ①钱… Ⅲ . ①钱学森（1911-2009）
—系统科学—思想评论 Ⅳ . ① N94

中国版本图书馆 CIP 数据核字 (2021) 第 098884 号

洞见新的世界：钱学森与他开启的智慧之门

著　　者：钱学森智库
图片提供：钱学森智库　中新社　视觉中国
出 版 人：荆孝敏
责任编辑：秦慧敏
装帧设计：杨　平
出版发行：五洲传播出版社
地　　址：北京市海淀区北三环中路 31 号生产力大楼 B 座 7 层
邮政编码：100088
电　　话：010-82005927
网　　址：http://www.cicc.org.cn
http://www.thatsbooks.com
印　　刷：中煤（北京）印务有限公司
开　　本：787 mm × 1092 mm 1/16
字　　数：185 千字
印　　张：16.5
版　　次：2021 年 7 月第 1 版第 1 次印刷
定　　价：60.00 元

谨以此书

纪念钱学森诞辰 110 周年

编写与顾问委员会

出版说明

科学是历史有力的杠杆，是最高意义的革命力量。科技事业在党和人民事业中始终具有十分重要的战略地位，发挥了十分重要的战略作用；广大科技工作者肩负着时代赋予的重任，起到了十分重要的中流砥柱作用。特别是以钱学森、袁隆平等为代表的中国院士，胸怀报国为民的理想追求，发扬不懈创新的科学精神，秉持淡泊名利的品德风范，以高度的责任感和使命感，为我国科技教育事业和经济社会发展潜心钻研、默默耕耘、呕心沥血， 给社会带来新风气、新活力和新思想。他们在祖国大地上树立起一座座科技创新的丰碑，铸就了独特的精神气质，是我们新时代“伟大精神”的代表人物，也是国际社会充分认可、广泛学习的榜样。

“一个故事胜过一打道理”。两院院士是我国科学技术方面和工程科技领域的最高荣誉称号，是国家的财富、人民的骄傲、民族的光荣。希望通过讲好“院士与中国”的故事，大力弘扬科学家精神，促进普及科学知识，提升全民科学素养，加快推进世界科技强国建设。科学不分国界。也希望以此更加充分、更加鲜明地展现中国故事及其背后的思想力量和精神力量，更加生动、更加有力地说明中国发展本身就是对世界的最大贡献、为解决人类问题贡献了智慧，让中国院士、中国科技、中华文化更好地促进民心相通、造福各国人民，为推动构建人类命运共同体作出更大贡献。

2021 年 6 月

序 言

众所周知，钱学森是享誉海内外的杰出科学家、中国航天事业的奠基人，在组织领导中国火箭、导弹和航天器的研究发展工作中发挥了不可替代的关键性作用。但很多人不知道的是，钱学森还是一位思想家，是系统工程中国学派的创始人。钱学森的一生先后经历了20年美国学术奠基、28年中国航天实践、晚年近30年学术研究，他在哲学、科学、技术、工程各个层面均取得了巨大成就。钱学森的一生生动诠释了他本人的一句话：要敢于说别人没说过的话、走别人没走过的路、干别人没有干成的事。

——从实践探索到理论创新

20世纪40年代以来，国外采用定量化系统方法处理大型复杂系统的问题。这一方法在实际应用中有很多不同的名称，但没有严格的概念界定，表述上难免造成矛盾，“系统工程”一词也是如此。钱学森通过对定量化系统方法进行梳理，再根据几十年来在航天、火箭、导弹研制实践中的成功和失败经验，赋予“系统工程”一词严格的定义。

1978年，钱学森等人在《文汇报》上发表的《组织管理的技术——系统工程》一文，标志着系统工程正式作为一种科学理论被提出来。

这篇文章对于中国系统工程的理论和实践具有三大开创性意义：

第一次实现了“两弹一星”等重大科技工程组织管理方法的理论化。在系统观的指导下，钱学森创造性地将我国航天工程的组织管理方法、国外大企业的经营管理技术及运筹学相结合，开创了一套既有普遍科学意义、又有中国特色的系统工程管理方法与技术。这是钱学森独立自主的重大的贡献，是一项伟大的技术创新。

第一次在国内较为明确地定义了“系统工程”，实现了系统工程理论的中国化。文章将国外称为运筹学、管理科学、系统分析、系统研究以及费用效果分析的工程实践内容，均用系统的概念统一归入系统工程。钱学森的这个定义扩大了系统工程的含义，与国外“系统工程”的含义（指建造和管理人造系统的方法）有很大区别。运筹学和系统工程知名专家顾基发认为：钱老永远是向人家学习，但不拘泥于向人家学习，而且要想办法倡导更新的东西。中国在搞系统工程的时候，对事理很在意。这个事理里面包括运筹学、系统工程、管理科学等，这样一种事理思想就有种“中国味道”。

第一次让系统工程正式登上了中国学术界的舞台，推动了系统工程在中国的普及化。钱学森指出，系统工程的重点在于应用，在不同的领域还需要辅以相应的专业基础。系统工程是一个总类名称，根据不同体系的性质，还可以再细分：如工程体系的系统工程（像复杂武器体系的系统工程）称为工程系统工程，企业体系的系统工程称为经济系统工程等。系统工程在国家社会经济各个领域均有广阔的应用前景。

这篇文章的发表，让刚刚到来的“科学的春天”春潮更盛。“那时国外已有系统工程学说，但学界各执一词、莫衷一是；而国内，这个概念还没出现。钱学森的文章使系统工程登上了学术舞台，并且应用于中国建设发展实践。”追随钱学森十多年的原航天710所研究员于景元回忆。现中国科学院院士戴汝为曾忆及彼时场景，“连中午在食堂里排队买饭菜，大家都在讨论系统工程这个当时全新的话题”。中国工程院院士王众托回忆说：“这篇文章对系统工程的使命、这个学科的内容、学科的目标以及学科怎么开展甚至包括人才应该怎样培养，都说得很细致。有了这样一篇文章指导，我们再往更深入和更开阔的领域去做系统工程就有了依靠，因为我们以前认为系统工程是控制的延伸，这之后就开始考虑它在社会、经济、文化等方面的发展。”当时，不少人以书信形式向钱学森请教和交流，引起了强烈反响，尤其是科学、技术、工程、生产等领域的科研人员对此产生强烈共鸣。系统工程开始在中国快速发展。

——从工程系统到社会系统

1979年，钱学森又发表了一篇名为《组织管理社会主义建设的技术——社会工程》的文章，把系统工程组织管理的思想与方法推广到社会的组织管理。文章提出了国家范围的组织管理技术问题，系统地讨论了社会工程的对象和任务，认为社会工程是改造社会、建设社会和管理社会的科学方法。钱学森指出，我们党制定的发展战略是在中华人民共和国成立100周年的时候（2049年）达到世界先进水平，现在看来没有多少年了，要走完这条路，靠经验摸索可不行。我们不能再犯错误，或者尽量少犯大错误，那就必须有预见性。这预见性来自科学！这个科学就是系统科学！它是现代化的预测、组织、管理、决策和领导的科学方法，也就是系统工程方法。

钱学森在提出了系统工程理论以后，马上就想到，如何把在航天领域里成功的系统工程理论推广应用到社会其他领域，航天领域运用的系统工程实际上是工程系统工程。而社会领域的系统，由于变量巨多，变量的类型繁杂，研究分析时要删繁就简。即使这样，定量研究也非常困难。所以，社会领域的系统研究，一直是定性的研究。但是，这些社会领域的系统有一个很大的特点是工程系统里没有的，那就是“涌现现象”。工程系统的整体性质一定蕴含在子系统中，而社会领域的系统则不是。社会领域的系统的整体性质，有的并不蕴含在子系统中。

钱学森得出的结论是：客观世界中有一类系统是不能用还原论去认识和研究的。直接把工程系统工程推广到社会领域的系统里面，这条路走不通。因为原来的工程系统可以用还原论的方法去研究，取得了很好的研究成果，那么对这些成果包含的规律性的东西，我们用系统工程来实施管理可以取得很好的效果。现在原有的社会领域的系统的知识不够用，需要寻找新的知识来弥补，这个推广才能做下去，否则做不下去了。

1982 年，退出国防科技一线的钱学森迅速把科研工作转向一个更加广阔，但充满荆棘和风险的新领域——社会科学。他没有考虑新领域的研究是否能够带来如“两弹一星”那样的“功名”，或是在未来崎岖的研究道路上一世英名毁于一旦，他只考虑国家的未来，执着地按着自己认准的科研方向勇往直前。他深入学习和研究马克思主义哲学，并用以指导研究工作，在自然科学与社会科学的结合点上，作出了许多开创性贡献，取得了丰硕成果，特别是在推动社会主义现代化建设上，始终孜孜不倦、锲而不舍。

在一次专家委员会上，周总理讲了这么一句话，他说："我们这套东西将来也可以民用嘛！三峡工程就可以用这个。"（三峡工程的论证后来由中国航天系统科学与工程研究院前身之一航天 710 所实践）这就是指钱学森那套组织、指挥大规模科学技术研究、生产的一套领导方法，可以应用并推广。这可以说是来自老一辈革命家的委托了。

钱学森等人在 20 世纪七八十年代就已开始探索从定性到定量的综合集成方法，希望能够用于解决国民社会经济各领域的复杂问题。马宾、于景元等开展"关于财政补贴、价格、工资的综合研究"，被认为是从定性到定量的综合集成方法的最早实践。1979 年后，为了提高农民生产积极性，在农村实行了农副产品"超购加价"政策（超过应当收购部分的粮食，以高于一般收购价的价格收购），大大提高了农民的生产积极性，促进了农业发展，提高了农民收入水平。但由于国家销售给城市的粮食价格并未作相应调整，导致的差额部分由国家财政补贴。随着农业连年丰收，超购加价部分迅速扩大，财政补贴也就越来越多，以至成为当时中央政府财政赤字的主要来源。当时，航天 710 所运用模型进行 105 种政策模拟和经济预测，有效解决了财政赤字的问题，获得时任国家领导人的高度肯定。此外，这一方法在载人航天工程、三峡工程、"南水北调"工程上都起到了重大作用。只是在那个时期，钱学森等还未真正认识到“从定性到定量的综合集成方法”,更多强调“定性与定量相结合”。

钱学森创造性地提出运用从定性到定量综合集成方法研究复杂巨系统有非常大的意义，即把人类几千年来的决策行为建立在一个更加科学的基础上。如何实现一个正确决策，是人类一直在探讨的问题，多少代人为此殚精竭虑，探寻决策之中的规律。很长时间以来，决策依赖于经验，难以上升到理论层面。后来有了系统工程的理论，决策的科学性就大大提高了。现在，从定性到定量的综合集成方法及其实现方式解决了复杂巨系统的认识问题，决策科学性问题得以解决。

1986 年 1 月，钱学森亲自创办了“系统学讨论班”。这一消息传遍学界，很多人闻讯赶到当时的航天 710 所参加讨论。在《光明日报》当年 9 月刊发的报道里，可以一窥盛况——“这是一个不大的会场。来参加讨论的人是那么踊跃，以至一些年轻人没有座位不得不自带马扎。会场中最引人注目的是我国著名科学家钱学森，他每会必到。参加讨论会的还有我国著名数学家廖山涛、许国志，气象学家叶笃正，经济学家马宾，物理学家方福康，以及一批思想活跃的中青年。”讨论班每次由一位学者进行主题发言，之后开展自由讨论，最后由钱学森总结点评。这样的讨论开始时每周一次，后来每月 1 到 2 次，钱学森风雨无阻地参加了 7 年，直至行动不便、无法外出。强磁场一样的讨论班，使系统学的影响力辐射到全国。

——从科学大师到思想巨擘

1990年,《自然杂志》第一期发表了钱学森等人的《一个科学新领域——开放的复杂巨系统及其方法论》一文。钱学森认为，从系统特征来分，客观世界中的所有系统可分为三大类：简单系统、简单巨系统和复杂巨系统。而这三类系统分别需要用不同的方法论去认识、研究和改造：简单系统运用的方法论是还原论；简单巨系统运用的方法是自组织理论；针对复杂巨系统这一类具有涌现特征的系统，钱学森提出要用“从定性到定量的综合集成方法”。有了这些新认识，卡在推广路上的瓶颈破解了，钱学森成功把系统工程的理论推广到社会其他领域中去，并形成了社会系统工程的理论。这一研究及其方法论的建立，为实现马克思提出的自然科学将把关于人类的科学总括在自己下面的预言，找到了科学的和现实可行的途径与方法，其意义是极其重大且深远的。

钱学森始终致力于把现代科学技术的理论研究与中国发展的实际相结合，特别是面对中国的改革与发展这样一个极其复杂、瞬息万变的课题，他认为光靠经验方法不行，必须有现代化的组织管理的科学技术，这就是社会系统工程的理论与方法，对应的，还包括综合集成研讨厅体系和总体设计部这一实现载体。综合集成研讨厅体系是实行社会系统工程方法的组织形式，是高度智能化的人机结合体系。

钱学森认为，在决策机构之下，不仅有决策执行体系，还有决策支持体系。前者以权力为基础，力求决策和决策执行的高效率和低成本；后者则以科学为基础，力求促进决策科学化、民主化和程序化。两个体系无论在结构、功能和作用上，还是体制、机制和运作上都是不同的，但又是相互联系、相互协同的。两者优势互补，共同为决策机构服务。决策机构则把权力和科学结合起来，形成改造客观世界的力量和行动。从我国实际情况看，多数部门把决策执行体系、决策支持体系合二为一了。一个部门既要做决策执行又要做决策支持，结果两者可能都做不好，而且还助长了部门利益。运用“总体设计部”思想，超越部门利益和短期行为，加快推进我国治理体系和治理能力现代化进程，显得尤为重要。

早在 1979 年，钱学森就提出了建立国民经济总体设计部的建议；1983 年 11 月 16 日，钱学森在国家经济体制改革委员会所作的报告中讲道：“为了把系统工程用于国民经济的管理，我国需要建立国民经济和社会发展的总体设计部。现在各方面提出的发展战略很多，有这个战略、那个战略，各说各的，但没有一个综合性的总体发展战略。因此，需要成立总体设计部，作为一个国务院的实体，而不是专家座谈会。这个实体要吸收多方面的专家参加，把自然科学家、工程师和社会科学家结合起来，收集资料，调查研究，进行测算，反复论证，使各种单项的发展战略协调起来，提出总体设计方案，供领导决策。总之，国民经济和社会发展的总体设计部是党中央、国务院决策的参谋机构，在实施我国计划体制改革中，千万不要少了这一着棋”；1987 年，钱学森在“吴玉章学术讲座”上作了题为《社会主义建设的总体设计部》的报告，提出了建立社会主义建设的总体设计部及其体系的思想；之后随着改革开放的深入，

1991年3月，钱学森在中央政治局常委会上专门汇报了建立国家总体设计部体系的建议，得到了中央领导同志的充分肯定和高度评价，并要求对总体设计部的应用功能、组织形式、工作方式进一步明确，对组织实施条件方面进行可行性研究，提出一个总体设计部的设计方案。但令人遗憾的是，这一构想由于种种原因一直没有能够实现，成了永远的“世纪之憾”。

钱学森站在思想家的高度，用近40年的时间概括总结了国外系统科学最新研究成果，提出了独树一帜的开放的复杂巨系统理论及其方法。钱学森卓有远见地认为，科学技术社会化与社会科学技术化是现代社会发展的一个基本趋势；现代科学技术广泛而深刻地影响着人类社会的各个方面，由此引发的复杂性问题层出不穷，诸如生态危机、金融危机、第五次产业革命、中国特色的社会主义现代化建设等，成为当前世界科学技术发展前沿的、事关人类命运与前途的重大问题。钱学森敏锐地把握时代的新动向，独创地提出了从定性到定量的综合集成方法，把400多年来经典科学的研究方法提升到一个新的、更高的层次——复杂性科学的研究方法。

这一切正是来源于钱学森对还原论思想与整体论思想的融合与超越。欧洲的文艺复兴，引发了由“神”到“人”思想解放，使人类走出中世纪的蒙昧，迎来了现代文明的曙光，进而催生了一波又一波的科学革命、技术革命、产业革命、社会革命。这一系列的发展进步，都是以还原论思想为基础的，就是将复杂对象不断分解为简单对象，将全局问题不断分解为局部问题去解决。无论是把物质细分到原子，还是把生物分割成细胞，基本上都围绕一个“分”字展开。

然而，还原论在应对复杂化的世界时，显得越来越力不从心、捉襟见肘。物理学对物质结构的研究已经到了夸克层次，却无法窥探宇宙的全貌；生物学对生命的研究也到了基因层次，但是仍然无法完全攻克癌症问题。20世纪40年代以来，以还原论方法创立的现代科学在一定程度上进入了停滞状态，可以与“相对论”和“量子物理”比肩的重大科学发现少之又少。我们不断遇到材料的极限、动力的窘境、能源的危机、生命的无助、智能的瓶颈。应用科技看似发展迅速，实际上已经快要榨干基础科学这个河床里的最后一滴水。正如诺贝尔物理学奖获得者菲利普·安德森在《科学》杂志上的论文所说，过去数百年，取得辉煌成功的还原论思想，走到了尽头。因此，一种融合整体论、超越还原论的全新思潮应运而生。

20世纪中期以来，以一般系统论、控制论、信息论为代表的“老三论”和以耗散结构论、协同论、突变论为代表的“新三论”，将科学研究从“拆分”观点转向“整体”观点。统计学为研究简单系统提供了切实有效的方法，特别是普利高津的耗散结构理论和哈肯的协同学，对于研究简单系统和简单巨系统提供了理论和方法。然而这些理论都只是整体论的“升级版”，虽然在一定程度上，解决了简单巨系统的开放性、自组织等问题，但仍然没有解决复杂系统的不确定性、涌现性等问题，特别是忽视了人的因素，无法应对有人参与的复杂系统。

钱学森首次实现了“还原论”与“整体论”的辩证统一，提出了“系统论”思想。钱学森明确指出：“我们所提倡的系统论，既不是整体论，也非还原论，而是整体论与还原论的辩证统一。”应用系统论方法，要从系统整体出发将系统进行分解，即“化整为零”；在分解后研究的基础上，再综合集成到系统整体，即“聚零为整”；最终从整体上研究和解决问题，实现 1 加 1 大于 2 的效果。钱学森的系统论既避免了还原论思想中“只见树木，不见森林”的矛盾；也避免了整体论思想中“只见森林，不见树木”的弊端。他以开放性、复杂性为特征，明确区分了简单系统和复杂系统，是一次对“系统”的再认识、再深化；他提出的方法论是解决复杂系统涌现性问题的新成果、新动能。

至此，钱学森完成了从科学家到思想家的巨大飞跃；钱学森系统论实现了从处理简单系统到复杂系统问题的巨大飞跃；开启了运用系统观推动国家治理体系和治理能力现代化的巨大飞跃。1991 年，国务院、中央军委授予钱学森“国家杰出贡献科学家”荣誉称号。这是共和国历史上授予中国科学家的最高荣誉，而钱学森是这一荣誉迄今为止唯一一位获得者。但是很少有人知道，钱学森在后来还说过这样一句话：“‘两弹一星’工程所依据的都是成熟理论，我只是把别人和我经过实践证明可行的成熟技术拿过来用，这个没有什么了不起，只要国家需要我就应该这样做。系统工程与总体部思想才是我一生追求的。”钱老一生谦恭，从不自诩，但对系统工程、对总体设计部思想，他十分自豪地称之为“中国人的发明”“前无古人的方法”“是我们的命根子”。2015 年，“纪念钱学森同志归国 60 周年大会”在人民大会堂举行，旨在继承和发扬钱学森精神，用钱学森思想为时代赋能。此次会议上，正式明确了钱学森作为一名思想家的重要地位。

本书从“还原思想范式演变”“整体思想范式演变”出发，阐述了钱学森系统论思想，特别是开放的复杂巨系统理论的缘起、发展、成熟、创新，试图拨开时代的迷雾，为人类认识客观世界、改造客观世界提供新的理论武器。

是为序。

薛惠锋

2021 年 5 月 4 日

目录

①

General Discussion on the Flow of Compressible Fluid

By Prandtl

(1) Preliminary Considerations

The problem of fluid motion is already very complicated even with the assumption that it is incompressible. So with the introduction of compressibility, we must obtain a simplification in the other direction, i.e. we assumed that the fluid is [illegible]. Therefore we generally neglect the viscosity and will treat the [illegible] of the compressible fluid. Furthermore, we assume that the density only dependent on the pressure. [illegible] the use of heat interchange caused from such factor as [illegible] and heat developed by [illegible] produced by conditions must be excluded. Therefore, [illegible] the pressure, temperature in the fluids, we assume that the relation between the pressure and the density ρ is definite or single valued.

[illegible] compressible [illegible] the fluid [illegible] fluid, the beginning [illegible] without rotation [illegible] [illegible] [illegible] the fluid [illegible] [illegible] homogeneous [illegible] continuous [illegible] the [illegible] holds when the [illegible] [illegible] [illegible] [illegible] velocity [illegible] [illegible] [illegible] [illegible] pressure [illegible] [illegible] motion with [illegible] [illegible] is [illegible]. [illegible] the [illegible]

[illegible]

第一章

从拂晓到黎明：新的思想之光

诗人亚历山大·波普曾言:“自然和自然律隐没在黑暗中;神说,让牛顿去吧!万物遂成光明。”牛顿在《自然哲学的数学原理》一书中统一了“天上”和“地上”,让人类第一次认识到,象征神祇的星系运行,原来也同人间的苹果落地遵守相同的法则。行星的轨道、潮汐的韵律、炮弹的痕迹,都可用一组微分方程来描述、解释和预测。

以微积分为开端,数学规律影响了文明世界近 400 年。微积分的成功,在于把复杂问题切分成大量微小却易于处理的部分,然后再逐一解决、重新组装,这种“分而治之”的策略造就了人类现代文明。人们曾经坚信,宇宙规律是高度数学化的,正如诺贝尔物理学奖得主理查德·费曼的一句妙语:“你最好学学微积分,它是上帝的语言。”

特别是过去的 100 多年中,麦克斯韦用一组简洁的公式统一了电、磁和光;爱因斯坦用一组美丽的方程统一了质量和能量、时间和空间;理论物理标准模型,把自然界四种基本力中的三种(电磁力、强核力、弱核力)统一在一个框架中。人类似乎就要找到一组公式,发现统一宇宙的“万物至理”,从而继续奏响毕达哥拉斯学派“万物皆数”的凯歌。

然而,人们很快发现,“分而治之”的思想遭遇复杂化的世界后,人类对简洁之美的追求,显得越来越力不从心、捉襟见肘。

当物理学家试图把引力与其他三种力融合起来,形成一个大统一理论时，遇到了空前的困难。爱因斯坦生命最后 30 年，基本上就在为寻找这样一个大统一理论进行着不懈努力。但遗憾的是，直到今天，人类尚未找到可被证明的大统一理论。

1900 年 4 月，开尔文在回顾物理学取得的伟大成就时说："物理学的大厦已经落成，所剩只是一些修饰性的工作了！"在他看来，"物理学美丽而晴朗的天空只被'两朵乌云'所笼罩"。这两朵小小的乌云，催生了"相对论"和"量子理论"的革命性突破，物理的天空似乎变得一片光明了。然而今天我们发现，人类文明面临的不仅是几朵"乌云"，而是难以驱散的重重"迷雾"。

物理学的研究已经到了夸克层次，却仍然无法回答笛卡尔在 400 多年前提出的问题："为什么存在宇宙万物，而不是一无所有？"生命科学的研究到了基因层次，却仍无法准确找到精神疾病和癌症的诱因。我们接近了材料的极限，芯片的制作工艺从微米级发展到纳米级，如果摩尔定律无法突破，芯片的发展就没有未来。我们面临动力的窘境：20 世纪 60 年代我们就能造出可供登月的大火箭，但这么多年过去，却再也没有超越这个纪录。我们遭遇了能源危机，可控核聚变却仍然处于探索阶段，新兴能源远水不解近渴，页岩油气转型阵痛、青黄不接。我们兴叹于生命的无助，面对癌症、艾滋病、帕金森病、阿尔茨海默病，我们几乎束手无策。我们受困于智能的瓶颈，电子计算机的"冯·诺依曼体系"至今无法超越，量子计算仍旧可望而不可即。

这重重迷雾，让人类踌躇而彷徨。我们远未到达光辉彼岸，仍在"黎明"到"拂晓"的路上艰难前行。

这重重迷雾，是"复杂性的迷雾"。面对俄罗斯套娃一样千万重嵌套的复杂系统，“分而治之”的光辉已经无法将其穿透，因为系统的每一层都有无中生有、变化多端的“新质”涌现。系统整体不等于部分的简单相加，不同层次的系统会涌现出全新的规律。低层的规律在高层领域里几乎不发挥作用，高层组织具有凌驾于低层组织之上的特性。例如，当无机物发展到有机物、细胞发展到人体的时候，“涌现性”的复杂程度已经无法用数学公式来表达。正如诺贝尔物理学奖得主罗伯特·克劳林所说：“涌现论时代的来临，使数学绝对权威的神话寿终正寝。”

以牛顿为开端，以爱因斯坦为终结，“分而治之”的时代正在谢幕。解决复杂系统问题，人类需要新的“微积分”。钱学森所开创的系统论思想，正是这样一种新的思想利器。

钱学森指出：一个系统是由子系统所组成的。如果子系统的数量极大，成万上亿、上百亿、上万亿，那就是巨系统了。如果巨系统中的子系统种类不太多，几种、几十种，我们称之为开放的简单巨系统，普利高津、哈肯等发展起来的耗散结构理论或协同学理论，在处理开放的简单巨系统上很成功，解决了不少问题。但是如果巨系统里子系统种类太多，子系统相互作用的花样繁多，那这巨系统就成了开放的复杂巨系统，比如生物体（尤其是人体）、人脑、地球环境以及社会。复杂巨系统的处理分两种情况：一是搞耗散结构、协同学的一派人，生硬地用处理简单巨系统的理论去处理复杂巨系统，包括一批热衷于美国所谓“系统动力学”的中国人，他们当然无法成功。二是一下子上升到哲学，空谈系统的运动是由子系统所决定的，因此微观决定宏观，以致提出什么“宇宙全息统一论”。这些人没有看到的是，人类对子系统尚不能说完全认识，子系统内部还有更深更细的子系统，以不全知去论不知，于世何补？

钱学森进一步提出：现在能用的、唯一处理开放的复杂巨系统（包括社会系统）的方法，就是“从定性到定量的综合集成方法”——把许多人对系统的点点滴滴的经验认识，即往往是定性认识，与复杂系统的几十几百个参数的模型，即定量的计算结合起来，通过研究者的反复尝试，并与实际资料数据对比，最后形成理论。在这个过程中，不但模型计算要用大型电子计算机，而且就是在人的反复尝试抉择中，也要用计算机帮助判断选择。定性与定量相结合的处理开放的复杂巨系统的方法在社会经济问题上经过试用后，效果良好。

正如钱学森所说：“我们现在有了新的发现，有人说，我们这个方法，是新时代的‘微积分’。我想只要我们真正运用这个方法，科学地解决社会经济这样的复杂问题，并通过实践，进一步深化和发展这个方法，解决运用这个方法过程中的各种具体问题，我们将有可能掀起一次新的文艺复兴，吹响新的文艺复兴的号角。”

这一新的思想利器，就像高山之巅已现光芒、喷薄而出的红日，帮助我们驶向文明复兴的光辉彼岸。

第一节

万物皆数：酒杯中的宇宙

一位诗人，说得蛮有道理，
整个宇宙在一杯葡萄酒里。
我认为我们不知他是什么意思，
因为诗人不写你能懂的东西。

但如果你凑近看一杯酒，
你确实会看到整个宇宙。
物理的东西应有尽有：
光的反射，液体的颤抖，
我们的想象，外加原子。
它蒸发，那指望风和天气。
那玻璃是地球岩石的升华，
在玻璃的构成中，正如我们所知，
是宇宙年龄的秘密，
是恒星的演化奇迹。

而在酒里，我们发现了那个伟大的概括：

全部生命是发酵。
这酒有多么鲜红，把自己的存在，
压进了观看这酒的意识里。

——理查德·费曼

一、笛卡尔之梦："分而治之"的演绎法

笛卡尔是法国哲学家、数学家、物理学家。他提出的笛卡尔坐标系，将几何体系坐标化，对数学发展贡献颇著。他提出"我思，故我在"，提倡怀疑一切的精神，开创了欧洲理性主义哲学传统，是西方近代哲学的奠基人之一，其哲学思想深深影响了后面几代人。

笛卡尔喜欢把自己做过的梦记录下来。有趣的是，《方法论》的诞生就源于他的梦境。1619 年 11 月 10 日晚上，在巴伐利亚靠近乌尔姆的地方，天气十分寒冷。笛卡尔蜷缩在一个由小火炉供暖的小房间里，迷迷糊糊进入梦乡，做了三个意义非凡的梦。

第一个梦中，笛卡尔梦到了鬼魂、呼啸的狂风和学院中的一座教堂。他惊奇地发现，除了他自己被狂风吹得东倒西歪以外，其他人都笔直地站立着。

第二个梦中，他耳边突然响起一声巨响，睁开眼睛，看到房间中飞溅着大片火花，而他自己的眼睛也闪闪发光。

第三个梦中，他发现一本厚厚的字典，里面的内容已经残缺

勒内·笛卡尔（1596—1650），法国哲学家、数学家、物理学家，西方近代哲学创始人之一。（弗兰斯·哈尔斯作，1649年）

不全，他正准备阅读，突然又发现一本诗集。他拿起诗集，翻开的那一页写的是奥索纽斯的诗句："我将遵循什么样的生活道路？"梦中又出现一位陌生人，跟笛卡尔谈论起奥索纽斯以"是与非"开头的一首诗。他告诉陌生人，他知道奥索纽斯一首以"我将遵循什么样的生活道路？"开头的更加优美的诗。陌生人请求笛卡尔在诗集中找出这首诗，笛卡尔发现诗集变得更加精美，文字也更加精巧。

这三个梦后来被人津津乐道，出现了很多解释。有人认为，第一个梦喻示笛卡尔对所处时代的哲学不满意，而他自己的哲学思想却还没有成熟。第二个梦喻示他对自己心中新理论的自信，他可以借助这套新方法体系去看清周围的事物。最后一个梦境，则喻示了笛卡尔具体的思想方法。厚重陈旧的字典暗示老一套的思维方法和旧时代的理论体系，而那本精美崭新的诗集，则喻示着他将整合以往的知识和理论，得到自己的体系方法，并最终能够使得这种新方法熠熠生辉。

笛卡尔认为这三个梦是上天给予他最大的鼓励。他决心潜心研究一门扎实的科学基础研究方法——演绎法。他确信这门新兴的演绎法能够成为解决问题的方法论利器。

1628 年秋，笛卡尔应邀在巴黎参加一次研讨会，并发表了令人印象深刻的演讲。他表明与科学的确定性相对应，哲学也应当

法国图尔市笛卡尔镇小广场中央的笛卡尔雕像

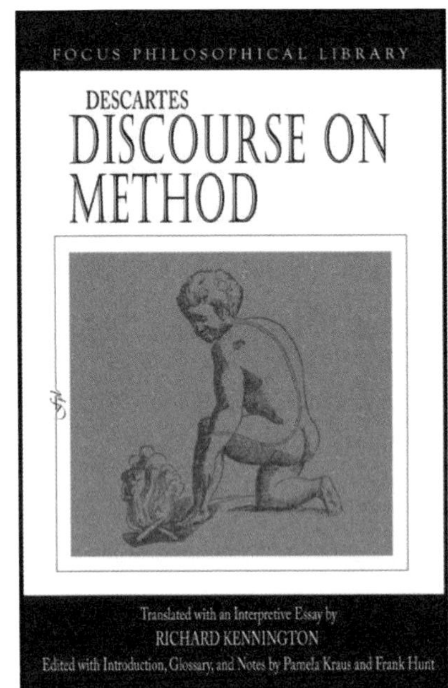

笛卡尔《方法论》的英译版（焦点哲学图书馆，理查德·肯宁顿译，2007年出版）

具有确定性的理论，需要以一种新方法去完善哲学本身。

1637年，笛卡尔第一部著作《方法论》问世，该书包含三篇论文以及这三篇论文的引言。论文涉及天文学、物理学和几何学等，内容广泛。引言部分概述了笛卡尔沉思良久总结出的探究真理的新方法，三篇论文其实是关于这种新方法的应用。

笛卡尔认为，如果事物或者问题过于复杂、难以研究，那么可以将其分解为一系列小问题，分别分析，然后再将小问题组合，最终可以将复杂问题完整、合理地予以解决——这就是笛卡尔还原论的通俗表达。

二、上帝创造数，剩下的是人类的工作

笛卡尔很重视方法论，他认为若没有正确的方法，就难以找到真理，甚至会将错误当成真理，导致更多错误。因此，他对这一理论作了更为深入的解说，写出了《探求真理的指导原则》《方法论》等。

笛卡尔在创立唯理论哲学学说的同时，也形成了一套理性主义哲学方法论体系，这套方法论以普遍怀疑为出发点、以心身二元论为基础、以数学方法为模型、以分析-综合为基本方法。

（一）普遍怀疑的方法

普遍怀疑的方法是笛卡尔研究哲学方法论的基础。他认为人们往往不能正确地使用理性能力，会把错误的观点当作真理接受。因此，为了建立真正的知识体系，有必要从根本上就去怀疑，并从根本上斩断一切从前被认为是真实的观点。他怀疑客观世界的真实性，怀疑数学真理的准确性，有时候还怀疑神的存在。由此，笛卡尔发现，当他怀疑所有事物的时候，只有怀疑这件事是不容置疑的，而怀疑是一种精神的状态。既然我处于思考之中，那就一定有一个“思考的‘我’”,因为思考必然有思想的载体——“自我”的存在。“我思，故我在”，笛卡尔将这一发现奉为真理，认为这一真理“不会被怀疑论者任何最狂妄的假设所动摇”，并使之成为“所寻求的哲学的首要原则”。

同时，笛卡尔认为确定性是获得某些原则的必要条件和手段。他的普遍怀疑，并不是主观地、武断地怀疑，正如他自己所说，“不是模仿那些怀疑论者，他们为了怀疑而怀疑，并假装自己永远不

确定；因为，恰恰相反，我的整个计划只是为自己寻找确定性的理由，抛弃尘土和沙子，去寻找岩石或黏土。”这是源于他的哲学原则的方法，也是理解这些原则的唯一方法。

（二）心身二分法

心身二分法是笛卡尔提出的哲学方法论体系的重要组成部分，是他哲学理论的主要内容，也常常被人们称为“身心二元论”。

笛卡尔通过普遍怀疑的方法坚信了“自我”的存在，并表明“我”或“自我”指的不是人体，它是一种精神实体。精神和物质是两个相互独立而平行、互不影响、实质也完全不同的实体。由此，笛卡尔将心与物互相平行，形成了欧洲哲学史上典型的实体二元论。

基于经验，人是一个有机整体，由身心构成。而笛卡尔却将身心严格分类，让它们彼此对立，这个问题的答案可以在他的《第一哲学沉思录》一书中找到。他认为，人们经常将属于精神事物的想法与客观事物混合在一起，从而引起模糊的情绪，这破坏了清晰可靠的知识。为了更好地理解非物质或形而上的事物，必须将心灵从物质中分离出来。

笛卡尔将世界划分为两种相对独立的体系：物质体系和思想体系，分别对应物理研究和形而上学研究。这样，笛卡尔的物理学和形而上学就彻底分开了。

（三）数学方法

笛卡尔哲学方法论的一个突出特征是数学方法。自文艺复兴后，数学方法越来越被看重。在笛卡尔之前，已有人尝试把数学方法带入哲学研究，而笛卡尔是首位在这方面获得成功的人。笛卡尔认为数学可以形成清晰可靠的思维模式，他尝试用数学原理构建自己的哲学体系。

众所周知，数学方法是一种“公理化方法”。数学的命题和公式必须要经过严密的逻辑证明才可以成立。数学推理要按照逻辑原则，才能保证结论正确。对于自然科学的理论探讨，数学方法是进行推理和证明最有用的方法。

数学方法的高度抽象和广泛应用，特别是逻辑的严密，能够满足笛卡尔对于准确性知识的需要。他将数学方法当成哲学方法的模型，并将其运用于哲学推理。同时，他也用数学的准确性来检验知识的准确性。

（四）分析–综合方法

分析–综合的方法，是笛卡尔关于数学方法的应用，也是笛卡尔辨别对象、获取知识的一个重要方法。

在笛卡尔看来，方法是可以让我们利用头脑进行判断，并对一切事物有一定程度理解的原则。在《方法论》中，他归纳出了四个基本原则：

首先，永远不接受任何他无法真正清楚识别的东西。也就是说，他小心地避免仓促的判断和偏见。

其次，他将所研究的问题分解为尽可能细小的部分，直到每个部分得到令人满意的解决方法为止。

再次，由易到难理解事物。他主张从简单到复杂对事物编序，并顺次理解，从而逐步提升对复杂对象的认识。

最后，对事物要普遍地审视，对其相关的情形尽可能多地列举，从而增加对事物的确定理解。

上述四个原则相互依存、相互联系、相辅相成。它们各自有着不同的作用，并能达到对客观知识的准确认知。由此，笛卡尔形成了一套哲学方法论体系。

笛卡儿将科学发展的规律总结为：首先要提出问题；其次要进行实验；基于实验得到结论并解释；将结论推广、普遍化；最后，要从实践中找出新问题，这个过程要不断循环。他总结出了完整的科学方法，即科学的研究是通过正确的论据（和前提条件），进行正确的推理，得到正确的结论的过程。

笛卡尔认为，人可以在理性的范围内寻找到一切形而上学的真理，而实现这一目标的关键是采取正确的方法。从方法论的角度看，笛卡尔从哲学的第一个命题“我思，故我在”出发，通过“直觉”和“演绎”推导出整个理性主义认识论体系。

然而，无论是他的身心二元论，还是理性主义认识论，都没有从根本上解决物质和精神的相互作用问题，甚至预设了上帝调和物质与精神的关系。因此，以理性主义为基本原则建立起来的笛卡尔二元论哲学，在其理论内部却隐藏着深刻的自我矛盾。

尽管存在自相矛盾，但笛卡尔的哲学观点对后世的理性主义者产生了深远影响。理性主义哲学的发展，需要解决笛卡尔遗留下来的矛盾的问题，即怎样理解精神与物质、思想与事物之间既各具独立性，又具有协调与一致性；如何解释以下矛盾，一方面在常识上承认感觉的作用，另一方面在理论意义上否定感觉经验完全可靠。这给后来的理性主义带来了一个两难选择：是提倡经验论，还是唯理论？

作为“近代科学始祖”的笛卡尔，其思想也可以总结为：所有物质都有其定准，人亦如此；将大的事物分解为更小的事物，以更好地理解事物。这就是近代还原论思想。至此，还原论思想开始从哲学的神坛走向科学的殿堂。此后，还原论作为传统科学方法论的标志性方法，大大推动了近现代自然科学的发展。

三、还原论的胜利：四百年荣耀与辉煌

还原论思想下形成的科学研究方式可以总结为：一是用“拆分”的视角看待宇宙万物；二是习惯用数学方式解决问题，认为没有严密数理逻辑的都不能称为科学；三是对“绝对真理”的追求和决定论式的思维。还原论催生了近现代科学技术，让人类认识世界和改造世界的能力得到极大提升。

（一）牛顿奠定大学科体系

牛顿是历史上罕见的能够建立起庞大学科体系的科学家。牛顿不只是一位杰出的科学家，而且还是开启近代社会进程的思想家。他的《自然哲学的数学原理》总结了人类过去积累的理论成果，同时探索了空间哲学和物理学。

牛顿的成就是多方面的。在物理学上，牛顿是经典力学的奠基人，他的力学三大定律是宏观力学的基础。牛顿建立了严格的物理学学科体系，明确定义了各种基本概念，如质量、力、惯性和动能等，并在此基础上提出了经典力学三大定律。

牛顿的另一大贡献是发明微积分（牛顿和莱布尼茨各自独立

艾萨克·牛顿(1643—1727)爵士，英国皇家学会会长，英国著名物理学家(来源：英国国家肖像馆，佚名，1726年)

发明了微积分)。在微积分问世之前，数学家研究并解决了静态问题，而微积分则专注于准确、即时的动态计算，并跟踪变量长期变化的累积影响。微积分是解决这两个动态问题的重要工具。

在天文学上，牛顿通过宇宙引力定律解释了太阳、月亮和星星在宇宙中的运动定律，并从理论上解释了他之前的科学家开普勒发现的行星运动定律。

牛顿通过物质的机械运动，将数学、物理学和天文学三个领域统一起来，形成了哲学中的机械方法论。

在牛顿之前，几乎所有科学发现都是先发现一种现象，然后才能发现定律。而牛顿之后，许多发明首先是从理论上衍生出来，预测可能的观察结果，然后通过实验进行验证。海王星的发现，广义相对论，希格斯玻色子理论，引力场理论，暗物质和暗能量理论，等等，都从某一理论中衍生出来，并逐渐得到证实。

笛卡尔和牛顿等科学家所在的时代可以说是人类历史上的科学启蒙时期，工业革命在半个多世纪以后才真正开始。

（二）工业革命时期的科技发展

在牛顿时代，欧洲的技术进步一直落后于科学。英国工业革命爆发之后，欧洲的技术开始与科学的进步和影响保持同步。

从蒸汽机到蒸汽船和火车。在科学启蒙时代之后，欧洲出现了技术的大爆发，之后便迎来了工业革命。

第一位发明蒸汽机的是英国工匠托马斯·纽卡门，他的发明主要用来解决煤矿开采的问题，但使用起来比较笨拙，效率也低。18 世纪中后期，瓦特和博尔顿等人改进蒸汽机，使其效率大大提高，为第一次工业革命提供了动力来源。

从 18 世纪末开始，许多发明是对蒸汽机的直接应用，其代表是蒸汽船和火车。

罗伯特·富尔顿在 1798 年发明了螺旋桨驱动的汽船，并在美国和英国申请了专利。后来他得到政治家、富商利文斯顿的支持，不断开发蒸汽船。蒸汽船取代帆船成为主流，开启了全球自由贸易时代。

当富尔顿忙于建造蒸汽船时，英国工匠乔治·斯蒂芬森在

詹姆斯·瓦特(1736—1819),英国皇家学会会员,英国著名发明家、企业家。图为瓦特思考如何解决纽卡门蒸汽机的问题。(来源:《Les Merveilles de la Science》,1870 年出版)

1810 年开始研究并制造蒸汽动力机车(火车)。斯蒂芬森和儿子共同修建了连接利物浦和曼彻斯特这两个英格兰主要工业城市的铁路,随后出现修建铁路的热潮,铁路运输的历史开始了。

电的发现和存储。蒸汽机技术引发了第一次工业革命,电的发明直接引发了第二次工业革命。

大家都熟悉富兰克林著名的闪电实验。他证实了闪电和通过人工摩擦得到的电具有同样性质。除了这一贡献之外,他还有诸多成就:他发现了电流是单向流动的,提出了电荷守恒定律,并定义了正电荷和负电荷。更值得称赞的是，富兰克林将科学成果积极运用于改善社会。根据闪电的性质，他发明了避雷针，并使之在费城普及。

在了解了电的基本性质后，要想进一步研究电的特性并且使用电能，就需要获得足够多的电。显然，单靠摩擦产生的静电是远远不够的。意大利物理学家亚历山德罗·伏特发明了电池，解决了电的存储问题。有了伏特电池，科学家得以掌握电学，并发现了电与磁之间的联系，完成了机械能与电能的转换。

对人类文明来说，电的使用极其重要。它不仅是一种比蒸汽机更便利的动力，而且几乎改变了所有行业。电力问世后，出现了一种新的衡量文明程度的方法——发电量。

通信技术的发展。与以前人类使用的所有能源不同，电可以携带信息和能源，这引发了随后的通信革命。

1836 年，莫尔斯用电信号对英语字母和数字编码，这便是莫尔斯电码。1838 年，莫尔斯又研制出点线发报机，解决了信号传送问题。1844 年，美国的首条城际电报线（从巴尔的摩到首都华盛顿）建成，总长约 38 英里（约 61 千米），开启了即时通信时代。

亚当·斯密曾主张，统一的市场和精细的劳动分工将创造出更为巨大的财富。交通和通信技术的发展，使这一预测成为现实。

（三）突破经典的新物理学

近代科学还原论化整为零、逐层递进的思想指引，为人类社会带来欣欣向荣的发展局面。然而，当人们沉浸在定理绝对通用的幻想中时，客观现实却已隐隐约约展示了这一思想理论的边界。

在物理世界中，以牛顿力学为代表的经典力学遭遇了前所未有的挑战。

越来越多的试验现象与经典理论发生冲突：以牛顿力学为核心的经典力学在 19 世纪末首先在电磁领域内遭到质疑，麦克斯韦电磁方程组会随着不同参考系的变化而变化，与经典物理学发生冲突。另外，热力学无法预测黑体辐射谱，光电效应与原子光谱和经典电磁学矛盾，等等。这些危机如同狂风般冲撞着物理的经典理论。

为了解决上述冲突，物理学家们提出以太假说。根据这一假说，光速相对于以太会发生变化。但经物理学家们反复验证，唯一的结论却是——光速恒定不变，不管在什么参考系下。这一发现严重挑战了经典物理学的权威。

荷兰物理学家洛伦兹提出洛伦兹变换：假设光速恒定不变，而光速和运动的参照系叠加后之所以速度不变，是因为在运动物体上所检测到的时间延长、距离缩短。

爱因斯坦在承认洛伦兹变换的基础上建立起了与牛顿经典时空观不同的相对时空观。在新时空观下，牛顿定律可以解释为低速度下的一个特例。1905 年，爱因斯坦发表《论动体的电动力学》，建立了狭义相对论，成功描述了在亚光速领域宏观物体的运动。这一年也被称为“爱因斯坦年”——这年他发表了 4 篇划时代的论文。

爱因斯坦等人将人类的认知范围从人类生活的现实世界扩展到了微观世界，从而掀起了科学界不断探索分解物质、解剖微观世界的高潮。

在探索到分子和原子后，人们进一步探索原子构成。1909 年，实验物理学家卢瑟福巧妙地根据打靶原理，借助 α 射线轰击一个金箔，前后历时两年，累计几十万张照片，终于证明了原子由原子核及其周围电子组成。1919 年，卢瑟福通过用 α 射线轰击质量较小的氮原子，得到一堆氢原子核。据此，构成原子核的基本粒子质子被确定。在质子基础之上，英国物理学家查德威克根据实验推算出原子核内的中性粒子——中子。

1964 年，美国物理学家穆里·盖尔曼和乔治·茨威格各自独立提出了更小的组成结构——夸克。1968 年，斯坦福线性加速器中心（SLAC）在有效的试验设施的保证下打开了强子——质子和中子的组合，证明了夸克的存在。

还会有更小的组成结构吗？科学家们继续沿用轰击的试验思路试图打开夸克内部，始终无果。

这就是说，世界万物的宇宙模型应该主要由夸克和电子等基本粒子组成，这些粒子通过几种固定的力结合在一起，构成了宇宙。反过来，对于任何物质来说，其基本组成都是夸克和电子等粒子，继续深入探究，这些粒子则由纯粹的能量构成。因此，万物由能量组成。

在发现夸克前，科学家们已经观测到一些基本粒子质量为零的现象。1964 年，弗朗索瓦·恩格勒和彼得·希格斯提出了新的假说，即假设在宇宙中存在特殊的场（希格斯场），正是这种场将组成物质的基本粒子粘连在了一起，由此产生了质量和体积。2012 年，欧洲核子中心（CERN）通过发现“上帝粒子”间接证明了希格斯场的存在。

除物质的构成外，另一个本原性问题是：世界是连续的还是离散的？经典数学及物理都是建立在连续性假设上的。19世纪末，人们发现一系列物理现象与连续性假设不符的情况，而解释这些现象的突破口就在于引入不连续性假设。

最早利用不连续性成功得到新理论的是马克斯·普朗克。1900年，面对电磁波的能量密度随频率增加而降低的异常现象，普朗克提出了与经典物理学相矛盾的可以解释光谱现象的经验公式。进一步，他冲破经典物理学的限制，将包括光在内的电磁波按照量子划分为一份一份的，这一想法颠覆了人们的传统认知。从这一思想获得灵感，爱因斯坦通过光量子理论有力地阐述了只有当光的频率足够高时才能使光量子从金属中激发出电子这一物理原理。同时，这一理论有效地解释了光同时具有粒子和波动特性即波粒二象性。在粒子普遍具有波动性这一推测指导下，1924

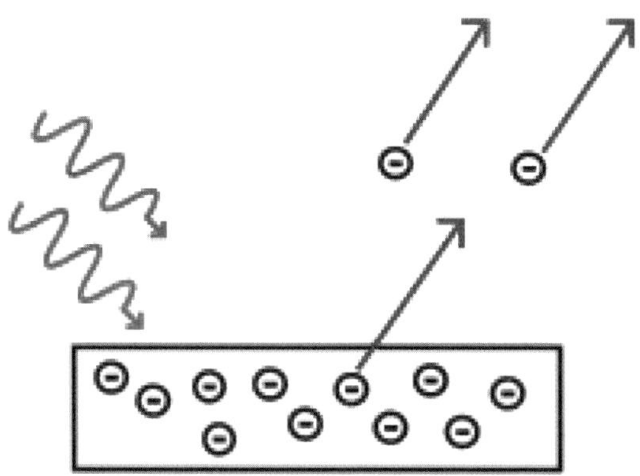

光电效应示意图：物质中的电子吸收光波的能量而逸出形成电流，即光生电。

第五届索尔维会议，1927 年摄于比利时的布鲁塞尔

年法国科学家路易·德布罗意提出了物质波理论，并于 1927 年被贝尔实验室证实，德布罗意也因此获得了诺贝尔奖。

光电领域内不连续性获得的成功也同样运用到了其他领域。1913 年，丹麦物理学家尼尔斯·玻尔提出了基于量子的玻尔–卢瑟福模型，该模型假设电子占据了原子核外不连续的特定轨道，不同轨道对应不同非连续能量级别。这一模型有效解决了传统物理学定律无法刻画电子运动轨迹的问题。

此后，物理学家们一致认可了微观世界的不连续量子特性。1925 年，德国物理学家马克斯·玻恩成功用量子力学解释了各种亚原子粒子的特性。接着，海森堡、薛定谔等人完善了量子力学理论。1927 年，海森堡根据实验现象提出不确定性原理，由此引发了“上帝是否也掷色子”的著名争论。

紧接着，人类所面临的巨大问题就是如何证明这些理论。其中，最难证实的，莫过于爱因斯坦的广义相对论了。

在狭义相对论发表不久之后，爱因斯坦就开始思考如何处理引力与相对论之间的关系。两年后的某一天，当他进入白日梦状态时，灵感一闪而过，由此提出了等效原理。这个原理准确地指出，对于人们的感知来说，加速度所产生的惯性力在效果上等同于引力。基于这一原理，爱因斯坦在当时试验水平落后的情况下准确预言了很多现象，比如黑洞的存在。之后的七八年，爱因斯坦致力于不断完善相对论，终于在 1915 年公开宣读了广义相对论的核心即引力场相关的重要论文。

广义相对论是足以媲美牛顿定律的物理学伟大发现。但当时因为这一理论远超同时代人的想象，一时难以被大众接受，就连诺贝尔奖委员会也一直避免提到广义相对论。直到 2015 年，LIGO 团队首次探索到引力波的存在，广义相对论才得以首次通过精准试验被证实。广义相对论从诞生到现在，已经成为现代便捷生活的重要基础，服务于众多产品，比如准确的 GPS 定位系统，甚至每个人手中的手机。

20 世纪初，受益于爱因斯坦、普朗克等一批伟大科学家的努力，物理学终于冲破经典理论方法的桎梏，建立起了崭新的现代物理学基础——相对论和量子力学，从而将人类的认知拓展到了更加宽广的范围。如今，从微观粒子到无垠宇宙，人类已经可以充分认识和把握所探测到的物质。在认识论上，新物理前提的引入突破了机械论的边界，进一步激励着科学家们探索新的方法。

四、"分而治之"的顶峰：原子能的时代

物理学的快速发展也推动了以化学为代表的其他学科的发展，还原论中逐层剖解、理论与试验相互印证的思想之风很快就吹遍了科学世界。

原子能爆发。人类文明开始的重要标志在于对火的应用，而这背后更为核心的要素是能量。每一次能量的变革都会极大地解放和发展生产力，进而推动人类社会发生重要变革。

真正巨大的能量产生自物质，这一理论早在相对论中就已经指出。但是，要实现从质量到能量的转化并不容易。最早提出相关理论的是德国物理学家哈恩和莉泽·迈特纳，他们研究的最初目的不是要找出裂变的可能性，而是要找出为什么在元素周期表中没有铀之后的新元素。根据卢瑟福的理论，只要质子被添加到原子核中，就必定会有新的元素，但是科学家的努力却一再失败。迈特纳受到房顶滴落水珠的启发，大胆猜想原子在试验过程中分割为更小的原子。随后的试验现象证明了这一猜想，迈特纳观察到所生成的小原子"钡"（Ba）和"氪"（Kr）以及额外三个中子的质量小于原来铀原子的质量。进一步，迈特纳联想到爱因斯坦质能转化方程，并设计试验证实原子核在裂变过程中产生了巨大能量。

核裂变真正用于战争是在珍珠港事件之后，美国开始了庞大的核计划。1945 年 7 月 16 日，世界上第一颗原子弹成功爆炸。爱因斯坦预言，原子弹会释放出巨大的能量，但没人知道它的真正力量。爆炸之前，科学家们打赌，并推测原子弹的力量范围从 0（完全失效）到 45000 吨 TNT。那天早上 5 点 29 分，原子弹

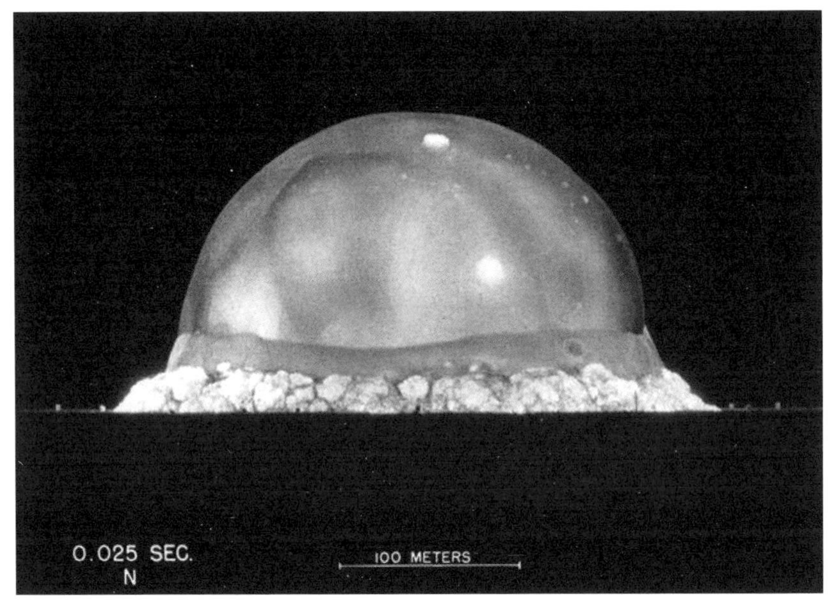

1945 年 7 月 16 日，世界上第一颗原子弹在美国爆炸成功。

被引爆瞬间，黎明的天空突然发光，根据当时人们的描述，“比一千个太阳还亮”。

第二次世界大战后不久，美国建立了第一座实验性研究核电站。核裂变发现后 15 年，第一座核反应堆就开始商业运行。

从 18 世纪的化学能到 19 世纪的电能，再到 20 世纪的核能，每个世纪，人类在能源使用方面都取得了突破。

制药变革。中国古代就有诸如青蒿之类的草药可以治愈疟疾的记载，但并非所有青蒿都能起作用。那时没有人知道药物的有效成分和制药的有效方法。

随着化学实验的兴起，药学家开始从天然产物中提取纯净的药物，制药业的革命开始了。阿司匹林中真正起作用的化合物水杨酸存在于柳树皮中，牛津大学沃德姆学院牧师爱德华·斯通于1763年首次发现了它，但当时化学还没有发展到合成物质的地步，更不要说制造药物了。直到1853年，法国化学家格哈德首次成功合成了乙酰水杨酸。接着，越来越多的科学家投入研究，试图刻画完整的分子结构。功夫不负有心人，1897年，德国化学家费利克斯·霍夫曼在成功合成乙酰水杨酸的基础上，通过对其进行一系列的微小调整，降低了这一成分的严重副作用，并将其命名为阿司匹林（Aspirin）。

阿司匹林是第一个在世界范围内销售的药物。1918年，欧洲暴发了一场大流行性疫情（西班牙流感）。这时阿司匹林已被广泛用于缓解疼痛和减少发烧，并且在抵抗传染病方面发挥了巨大作用。

科学进步促成了制药业进步，而在这场势不可当的制药变革

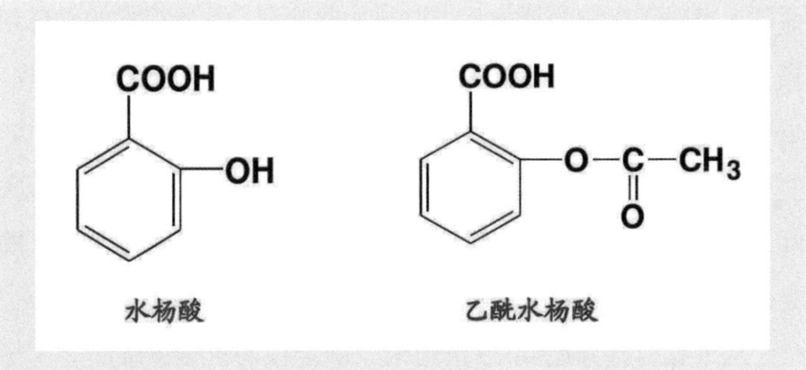

阿司匹林（又名乙酰水杨酸）分子结构图

中，最成功的药物是青霉素。在青霉素诞生前，细菌感染一直是导致人类疾病甚至死亡的重要因素。在一次偶然事件中，弗莱明意外发现发霉的汁液可以溶解葡萄球菌的细胞壁从而杀死这类细菌。经过大量稳定的试验，弗莱明于1929年正式向大众宣布了这一发现，并首次将发霉汁液中的有效物命名为青霉素（Penicillin）。

青霉素药物最终得以发明并大量生产是由于战争。珍珠港事件后，美国的默克制药公司和辉瑞制药公司开始联合开发和生产青霉素药物，该计划也获得了国家支持，重要程度仅次于“曼哈顿计划”。最终，用于批量生产药物的青霉菌的浓度较之实验室浓度提高了近100倍。受益于青霉素药物的大规模应用，第二次世界大战中参战的英军人数与第一次世界大战中的人数相近，但死亡人数却大大减少。

第二次世界大战促成了病理学和药理学的快速发展，种类繁多的抗生素在这一时期相继被研发出来用于治疗病患。在战争之后，这些抗生素另外一个意想不到的作用是延长了人类的平均寿命，人类对于疾病的抵抗从未取得如此胜利。从青霉素的发现到真正药用的这一过程，本质上是一个层层深入、信息解密的过程，也只有全面地了解了分子结构后，人们才能合成实际应用的药物。

科学技术经常呈现出稳定快速的发展和相对停滞的现象。实际上，科学技术在每个稳定快速发展的时期，都有其方法论上的突破。

从牛顿时代开始到19世纪末，确定性的机械思维起着主导作用，人类相信规律的可预测性和普遍性。但是，当人类进入微观世界时，这些想法不再适用。

从分子到夸克，人类对物质的基本认识逐层深入，这似乎在昭示着还原论的胜利。但当人们将这些拆分后的知识组合起来时，却发现它们无法准确反映事物的整体性质。这不得不提及还原论内在的逻辑演化缺陷——无限分解同时导致了有机体组件分离。从表面上看，这带来了科学危机，但更深层的原因是人类需要一种新的方法来认识和改造世界。

第二节

分久必合：系统观的重建

始终把宇宙看成是一个活体，具有实体和灵魂；要注意各种事物如何与知觉关联，与一个活体的知觉关联；各种事物如何以一种运动的方式来体现；这些事情如何成为一切存在着的事物的合作性原因；还要观察纺线的持续旋转和网的编织。

——马可·奥勒留

一、“分久必合”扣响20世纪的大门

(一) 还原论遭遇科学天花板

系统思想的产生与发展具有悠久的历史。自人类文明诞生以来，系统思想就伴随着人们的生产实践不断向前发展。但古代朴素的系统思想，仅认识到了人类文明总体发展的场景，并没有挖掘事物内部的规律。文艺复兴以后，西方的科技得到了迅速发展，

从而使人们从神学的桎梏中解放出来，开始了对世界万物细节的认识、理解与分析，发展形成了还原论思想。

近代还原论思想虽然在科学进步方面取得了巨大的成就，创立了诸多的经典科学，但是它忽略了古代系统思想的成果，认为世界万物本质上是简单的，所有事物都可抽象为模型，科学的任务就在于将复杂的对象简单化。这种理论成功运用到人类改造自然界的过程中，却违反了生态规律，主要体现在：还原论认为一切事物都可机械地分为若干个互不相关的基本单位，这本身就不符合事物本质；在生物学上，还原论认为生物体都可解剖为独立的个体器官，这割裂了生物体与环境之间的关系，而且认为生命过程由力学来支配，如同机器运转一样，这也不符合客观规律。

20 世纪以来，随着科学研究深度和广度的拓展，科学研究对象日趋复杂化、多样化，还原论主导的研究方法的局限性日渐显现，还原论思维方法受到越来越多的批判。

（二）系统观提倡科学新理念

路德维希·冯·贝塔朗菲是一般系统论的创始人。贝塔朗菲在研究中发现，运用还原论无法解释生命现象的本质。他提出运用数学模型来研究生物学的方法和机体系统论的概念，并发表了《理论生物学》（1932 年）和《现代发展理论》（1934 年）等著作。

1937 年，贝塔朗菲首次提出了一般系统论的概念，并把有机体系统思想进一步推广到了除生物学外的其他领域。他在接下来的学术生涯中对一般系统论进行了深入研究与阐释。

在贝塔朗菲看来，生物是具有整体性、动态性、对外界环境

贝塔朗菲（1901—1972），美籍奥地利裔理论生物学家，一般系统论的创始人。

可反应的系统。他曾在《生命问题：现代生物学思想评价》一书中分析总结了还原论在生命观方面的三种主导观念：分析和累加的概念，即生命体是由基本或部分单位所组成的，通过组成单位的性质可以说明生命的实质；机器理论的概念，即机械论是生命体结构形成的基础；反应理论的概念，即有机体本质上是被动系统，外界刺激是其反应的唯一来源。

然而，随着人们对生物学的认知发展，这些观念逐步显现出其局限性。贝塔朗菲将其总结为：第一，不可能把生命现象完全分解为基本单位；孤立部分的行为通常不同于它在整体联系中的行为。第二，现实的整体显示出一些各孤立的组成部分所没有的性质。有机系统内所有组成部分和过程如此高度有序，以致使该系统能够保存、建造、恢复和增殖。这种有序性从根本上将活机体内的事件与非生命系统中发生的反应区别开来。

因此，在分析还原论思想的基础上，贝塔朗菲进一步提出：生命是一个复杂系统，具有其特殊的内在规律，生物学不能局限在物理学规则、化学规则的研究范围内，也不能简单地还原为物理学和化学。他认识到："不能把所有层次的实在最后都还原为物理层次作为依据，那是一种无效的和牵强附会的愿望。"

贝塔朗菲在生物机体论的长期研究中，认识到传统细胞理论、自然选择理论等生物学理论所包含的机械倾向及其局限性。他认为机械论或生物机械论都不能提供正确的模式来认识有机现象。在坚实的科学研究基础上，贝塔朗菲创立了一般系统论，这标志着人类科学研究又达到了一个新的高度，进入了一片新的视野，他将世界万物是相互促进、融合发展的哲学观点，形成了可通过实证证明的科学观点，促进了人类对于客观世界的认识和理解。

一般系统论为人类科学的发展提供了新的思想、新的途径，成为众多学科领域的概念基础。到 20 世纪中叶以后，以一般系统论为基础，逐步发展构成了一个"系统科学群"，范围涵盖了控制论、信息论、协同论等诸多学科。

此外，随着社会发展和技术进步，人类社会的分工越来越专业化、人类文明对技术的运用程度越来越高，人们在社会发展实践中对系统观点的依赖性也越来越强。人们必须用系统的观点分析问题、解决问题，必须用系统思想指导实践。因而，系统思想作为人类文明的一个重大进步，在全世界各个社会领域都得到了广泛、深入的应用，将人类文明发展推向了一个新的高度。

二、一般系统论、控制论、信息论

20 世纪中期以来，为解决科学研究中的复杂系统问题，多个系统科学逐步发展形成。其中，以一般系统论、控制论、信息论为代表的系统科学成果被称为“老三论”。

（一）一般系统论：人不是机械

贝塔朗菲从生物学领域出发，涉猎医学、心理学、语言学、文化人类学、行为科学、历史学、哲学等诸多学科，以其渊博的知识、浓厚的人文科学修养，创立了 20 世纪具有深远意义的一般系统论，这使得他的名字永远地和系统理论联系在了一起。

1926 年，贝塔朗菲从维也纳大学毕业，留在那里担任教职。他于 1937 年与妻子搬迁到美国芝加哥，并在芝加哥大学任教。在一次学术研讨会上，他第一次提出了一种从系统整体的角度看待和解决问题的方法，这就是他后半生一直在努力探索和研究的一般系统论。

在第二次世界大战期间，贝塔朗菲回到德国，继续从事生物学与一般系统论的研究。1954 年，他又一次举家迁移到美国加州的斯坦福大学，转入行为科学和临床心理学研究。59 岁时，贝塔朗菲受邀到加拿大埃德蒙顿阿尔伯塔大学任教，同时兼任生物学、心理学、科学哲学多个教席，对一般系统论进行了更加深入的研究，完成了多部著作。退休之后，他又转到纽约大学社会科学系担任教授。

在学术生涯即将结束之时，他蓦然回想起新婚燕尔时与妻子的一段对话："玛丽亚，我应当成为一位生物学家呢，还是应当做一位哲学家呢？"她回答："我认为你最好以生物学作为职业，因为生物学家更被人们所需要，而且一个生物学家能够利用他所知晓的知识再去成为一位哲学家。"玛丽亚的建议影响了贝塔朗菲毕生的学术轨迹。一般系统论学说的建构与阐释即是对从生物学到行为科学、精神医学、哲学与社会科学这一精神扩张历程的整合。

创立一般系统论。在批判经典科学机械论并吸收新活力论合理因素的基础上，贝塔朗菲提出了"机体论"。他利用"机体论"或"有机论"的观点和系统论的观念，试图超越还原论和活力论。

由于与传统科学观相悖，贝塔朗菲的思想在当时并不被承认，而且受到了权威们的责难。1945 年，他发表《关于一般系统论》一文，并多次进行推广。1954 年，贝塔朗菲发起成立"一般系统论研究会"，出版学会年鉴《一般系统》。1968 年出版专著《一般系统论：基础、发展和应用》，1972 年出版《一般系统论的历史和现状》，这两本书全面地回顾和总结了系统理论，提出了包括系统科学、系统技术和系统哲学三大领域在内的新的科学范式或体系的设想。

一般系统论作为复杂性科学的开端，开辟了科学探索系统整体性、生成演化及其复杂性的新方向，同时宣告了以往科学简单性思想的终结。

超越还原论。一般系统论的一个总特征是对传统还原论持批判态度，并且企图通过建立整体论的科学范式来超越沿用了数百年的还原论观点和方法。

还原论的实验方法和科学的简单性原则曾经是科学研究的重要传统和发展动力。但是，还原论也存在着巨大的问题。

在中国古代有这么一个故事，战国时期，燕国太子丹宴请荆轲，席间有美女弹琴，荆轲赞叹美女的玉手漂亮，结果太子丹将其双手砍下来送给荆轲。我们暂且不去探讨燕太子的荒诞残忍和那位女子的悲惨境遇，只看这美好的玉手从有生命的身体上砍下来，哪还能保留原来的神采？黑格尔说过："割下来的手就失去了它的独立存在……只有作为有机体的一部分，手才可以获得它的地位。"这则故事反映了机械还原论在解释生命有机体上遇到的不可逾越的难题。

正是基于对这一点的充分认识，贝塔朗菲对还原论进行了彻底批判。贝塔朗菲很早就认识到，用还原论的方法所构建的分子生物学，虽然将生命现象深入到了分子、原子、原子核甚至更加微观的层次，但却无法真正理解生机勃勃的生命现象。他提出的"机体论"概念，强调把有机体作为一个整体或系统来考虑，认为生物科学的主要目标就在于发现各个不同层次上的组织原理。在此基础上，他提出了一般系统论。他在《生命问题：现代生物学思想评价》一书中指出，"整体、组织、动态——这些一般概念，可以说是与机械论的物理学世界观相对立的现代物理学世界观"。"机体论"概念试图将科学意义赋予整体性概念。贝塔朗菲认为，在现代物理学、生物学、医学和心理学等学科中都可以看到这种共同的趋势。

贝塔朗菲从理论生物学的角度总结了人类的系统思想，运用类比和同构的方法，建立开放系统的一般系统理论，对 20 世纪科学发展产生了重大的影响。

（二）控制论：创造机械人

控制论产生于第二次世界大战之后，是一门研究各类系统中共同控制规律的横断学科，应用范围覆盖工程、生物、经济、社会、人口等领域。现代社会的许多新概念和新技术，如脑科学技术、量子控制技术、深海技术、航空航天技术等等，都与控制论有着密切关系。

诺伯特·维纳，美国著名应用数学家，是控制论的创始人和信息论的先驱，被誉为“信息时代之父”。他的一生成就卓越，是

诺伯特·维纳（1894—1964），美国应用数学家，控制论的创始人。图为维纳在麻省理工学院课堂上。

百科全书式的“全才”，不仅在数学、生物学、物理学和工程学等多个科学领域取得丰硕成果，还精通拉丁语、希腊语、德语和英语等多门语言。他的一生著作等身，共发表了两百多篇论文，出版了十四本著作，建立了诸如维纳测度、巴拿赫-维纳空间、维纳-霍普夫方程、维纳滤波等理论。

维纳从小就智力超常，天赋异禀，6 岁时已开始着迷数学，9 岁直接进入中学读书，12 岁进入塔夫茨大学数学系（为免媒体过分关注，其父没有让他报考哈佛大学）。进入大学时，维纳的数学已在大学一年级水平之上，开始直接研究伽罗华理论，同时对物理学和化学产生了浓厚的兴趣。16 岁时，维纳开始攻读哈佛大

维纳 9 岁照片

维纳 1909 年的塔夫茨大学毕业照

学的生物学博士，其间转到康奈尔大学学习哲学，一年后又回到哈佛攻读数理逻辑，18 岁取得哈佛大学哲学博士学位。之后，维纳到英国剑桥大学和德国哥廷根大学留学，师从罗素、哈代、希尔伯特和兰道等大师。多个横向领域的学术经历，为维纳后来的跨学科跨领域研究奠定了坚实的基础。

1919 年，维纳受聘为麻省理工学院数学系助教。1933 年，当选美国国家科学院院士。1948 年，创立了控制论这一跨越技术科学、自然科学和社会科学的新学科。

控制论产生。维纳摒弃了 20 世纪初狭隘的专业分工，统筹自动控制、通信技术、计算机科学、数理逻辑、神经生理学、统计力学、行为科学等多种科学技术，研究出了机器和生命机体之间的共同点——信息变换过程，形成了一门既包括机器、又包括生命机体的统一的普遍理论——控制论，其目的是解决“既是机器又是活的机体的控制和通信的问题”。

维纳在《我是一个数学家》的自述中说到，他宁愿选择在清华大学任客座教授的 1935 年作为创立控制论的起点。这一年，他在清华大学与李郁荣教授合作研制滤波器，开始了对控制论的研究，实现了从纯数学领域向电机工程和技术科学的转型。

第二次世界大战期间，维纳及其团队通过研究防空火炮自动控制系统，逐渐形成了反馈的思想和概念，控制论的概貌开始在维纳的头脑中建立。1943 年，维纳和墨西哥生理学家罗森布鲁特以及阿伯丁实验场工程师别格罗合作撰写了论文《行为、目的和目的论》，提出了控制论的基本概念。1947 年，维纳与英国数学家艾伦·麦席森·图灵讨论了控制论的基本思想，并认为控制论

1936 年，清华大学电机系教师与维纳合影。

维纳与李郁荣

的建立已成为一种国际性的声势。

1948 年，维纳正式出版了《控制论：或关于在动物和机器中控制与通信的科学》一书，标志着控制论这一学科的诞生。在这部著作中，维纳抓住了一切通信和控制系统都包含有信息传输和信息处理过程的共同特点；确认了信息和反馈在控制论中的基础性，指出一个通信系统总能根据人们的需要传输各种不同的思想内容的信息，一个自动控制系统必须根据周围环境的变化自行调整自己的运动；指明了控制论研究上的统计属性，指出通信和控制系统接收的信息带有某种随机性质并满足一定统计分布，通信和控制系统本身的结构也必须适应这种统计性质，能对一类统计上预期的输入产生出统计上令人满意的动作。

该书的发表曾在哲学界引起轩然大波。因其副标题是“或关于在动物和机器中控制与通信的科学”，很多人误认为，这是把人和机器并列甚至等同，因而对它进行批判。直至 1954 年，钱学森在美国以英文出版了《工程控制论》，系统地揭示了控制论对自动化、航空、航天、电子、通信等科学技术的意义和深远影响，推动了 20 世纪五六十年代该学科发展的高潮。在这种形势下，原本持批判态度的哲学家们才开始认同控制论是一门“研究信息和控制一般规律的新兴科学”。

控制论具有如下本质特征：

（1）控制论的核心问题是信息。包括信息提取、信息转播、信息处理、信息存储和信息利用等一般问题。控制论的研究对象是一切可控系统。控制论的数学基础就是用吉布斯统计力学来处理控制系统的数学模型。

（2）控制论的核心原理是反馈。反馈最初是生物学概念，是指一个系统（分子、细胞或种群）中能影响该系统的连续活动的反应。而控制理论中的反馈，是指将系统的输出返回到输入端并以某种方式改变输入，进而影响输出的过程。

（3）控制论最基本的特点和要求是稳定性。维纳把控制论看作是一门研究机器、生命社会中控制和通信的一般规律的科学，更具体地说，是研究动态系统在变化的环境条件下如何保持平衡状态或稳定状态的科学。

控制论发展。控制论的发展过程大致分为三个阶段，20 世纪 50 年代末期以前为第一阶段，称为经典控制论阶段；50 年代末期至 70 年代初期为第二阶段，称为现代控制论阶段；70 年代初期至今为第三阶段，称为大系统理论阶段。

经典控制论主要研究单输入和单输出的线性控制系统的一般规律，它建立了系统、信息、调节、控制、反馈、稳定性等控制论的基本概念和分析方法，形成了自动调节原理和伺服系统理论，为现代控制理论的发展奠定了基础。

经典控制论研究的重点是反馈控制，核心装置是自动调节器，主要应用于单机自动化或局部自动化、半自动化，特别是电力机械的自动控制在工业生产中的应用、电子设备在军事部门的应用。

现代控制理论是随着计算机技术、航空航天技术的迅速发展而发展起来的，是利用现代数学方法和计算机来分析复杂控制系统的新理论。现代控制论的研究对象是多输入和多输出的非线性控制系统，其中重点研究的是最优控制、随机控制和自适应控制方面。

比起经典控制论，现代控制论考虑问题更全面、更复杂，主要应用于机组自动化和生物系统。20 世纪 60 年代“阿波罗”登月，70 年代“阿波罗”与“联盟”太空对接、导弹稳定控制、机器人控制、电机控制等都离不了现代控制论。

20 世纪 70 年代以来，控制论工作者提出频率（经典控制论中着重用频率法研究控制系统）、时域（状态空间法）统一处理的新方法，将现代控制理论与经典控制理论融合，得到一些新方法，称之为大系统理论。这一新的领域是控制论与运筹学、信息论的结合，研究的重点是大系统的多级递阶控制、分解-协调原理、分散最优控制和大系统模型降阶理论等。

大系统理论的应用涉及工程技术、社会经济、生物生态等许多领域，如城市交通系统、社会系统、生态环境保护系统、消费分配系统、大规模信息自动检索系统等。尤其在生产管理系统方面，如在生产过程综合自动化管理控制系统、区域电网自动调节系统、综合自动化钢铁联合企业系统等方面应用性更强。

（三）信息论：偶然蕴必然

信息无处不在。在香农之前，信息是一篇文章，一段旋律，一张相片，甚至是一通电话；而在香农之后，信息被转化为数字化的位元，能够用精妙的数学表述，它的载体、意图、含义都不再重要，文章、电报、小说等等都可以用通用的代码来表示。一门崭新的关于信息方面的独立学科——信息论由此诞生。

1916 年，克劳德·艾尔伍德·香农出生在美国密歇根州。他在机械和电子方面很有天赋，在 1932 年考入密歇根大学之前就

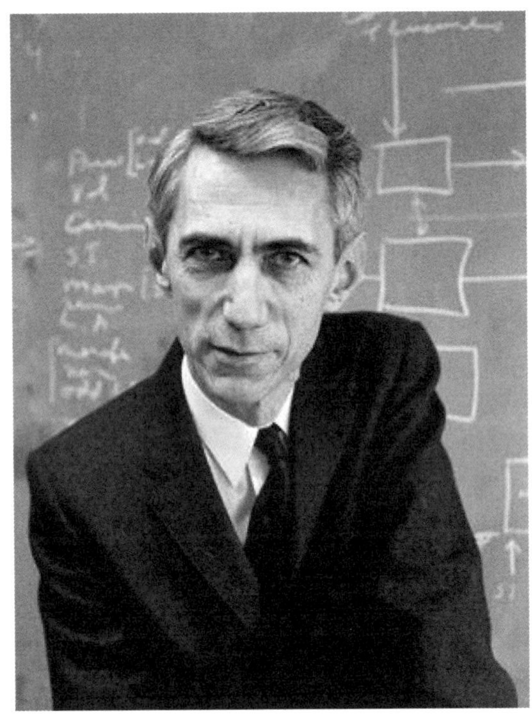

克劳德·艾尔伍德·香农（1916—2001），美国数学家，信息论的创始人

已经成为一名技艺娴熟的发明家，他的发明包括升降机、收发报机、飞机模型、遥控小船等等。在密歇根大学，香农修了数学和机械双学位，这也使得他在两个领域都得到了专业训练。

1936年，他来到麻省理工学院（MIT）攻读硕士学位，并争取到了运行一台微分分析器的助教工作。这台计算机的发明者之一万尼瓦尔·布什十分赏识香农的天赋与才华，指导香农完成了硕士学位论文《继电器与开关电路的符号分析》。这篇论文巧妙地运用乔治·布尔提出的布尔代数方法对电子交换电路进行简化设计，研究成果为现代数字电路设计奠定了基础，被称为“20世纪最重要和最出名的硕士论文”。1940 年，香农在布什的建议下进入冷泉港实验室研习，不到一年时间便发表了博士学位论文《理论遗传学的代数学》。

从 MIT 毕业后，香农加入著名的贝尔实验室。1948 年，香农在《贝尔系统技术杂志》上发表了具有深远影响的论文——《通信的数学原理》，文中提出的信息、熵、信号、噪声等概念至今仍然在数学、信息科学等领域持续运用。人们通常将这篇文章作为现代信息论研究的开端，香农也由此被称为“信息论之父”。

1956 年，香农接受了 MIT 递出的橄榄枝，成了那里的一名通信科学教授。在他最具影响价值的研究成果发表之后，香农将

The Bell System Technical Journal

Vol. XXVII *July, 1948* *No. 3*

A Mathematical Theory of Communication

By C. E. SHANNON

INTRODUCTION

THE recent development of various methods of modulation such as PCM and PPM which exchange bandwidth for signal-to-noise ratio has intensified the interest in a general theory of communication. A basis for such a theory is contained in the important papers of Nyquist[1] and Hartley[2] on this subject. In the present paper we will extend the theory to include a number of new factors, in particular the effect of noise in the channel, and the savings possible due to the statistical structure of the original message and due to the nature of the final destination of the information.

《通信的数学原理》文稿

兴趣转移到了动手发明上，不断改良创新，并且乐在其中。比如，任何人都骑不了的超小型独轮车，会闯迷宫的电子老鼠，会自动修复自己的机器手，能在空中抛接三个球的机器等等。

改变世界的理论。香农作为信息论的开创者，系统地论述了信息的定义，如何量化信息，信息熵的概念，以及怎样进行信息编码等。

香农信息论研究的关键在于利用数学工具方法定量地描述出各种通信环境下信息传输的本质。首先，香农将通信过程分解为6个步骤，包括信源、发射器、信道、噪声、接收器、信宿。它的精妙之处在于广泛适用于每一个系统。例如，两个人对话的过程便是一个系统：人作为信源将信息编译为语言，然后通过声带振动作为发射器发射信号；信号通过空气作为信道传递出去，在这个过程中附近会有其他声音出现作为噪声干扰；倾听者耳朵作为接收器接收到对方的声音，并作为信宿将收到的声音转化为消息，进而获取所需信息。

在此基础上，香农开始专注于拆解每一步。而在这之前，很有必要先定义或者量化信息。香农认为“信息就是用来消除不确定性的东西”，它的计量单位要表达出信息选择的含义。香农选择比特（BIT）序列，要么是1，要么是0，传送一个二进制数字，相当于完成了一次最基本的不确定性消除过程。香农将这样充满不确定性的黑盒子称作“信息源”，里面的不确定性叫“信息熵”，换句话说，信息熵就是信息量。比如，如果我们限定自己所知的均是由0和1组成的信息，那么，一个信源如果只能产生1，则信息熵为0；一个信源如果以掷硬币的方式产生0和1（即0和1

出现的概率分别是 0.5），则具有可能的最大信息熵。

紧接着，新的问题出现了：要知道在真实世界中信息是有噪声的，那么如何沿着有噪声的信道传输信息呢？在香农之前，人们对噪声的处理更多地认为只需要增加信源功率，提高输入声音便可。但香农定理的发现，彻底颠覆了人们的认知。香农表明，信道的信息传输速率存在一个极值，并用数学公式表达出信道容量和信噪比之间精确的关系。这就意味着，面对噪声，重点不是要提高音量，而是在于怎么去发送信息。

接下来，就是如何设计发送信息的具体方法这一问题了。香农表示，必须建立一种编码传输方式，并且这种方式出错的概率最小。香农观察到，我们的语言中夹杂着很多的冗余，通俗地讲就是“啰嗦”。比如“There is an umbrella on that table”，其实压缩成“umb on tab”，大多数人也可以理解，去掉的就是不能提供新信息的部分，即冗余。香农通过删减冗余，尽可能压缩信息量，使得信源都有最大密度值，与此同时制造冗余，将冗余作为传输过程的保护盾，利用这种代码的任意比特吸收噪声的损害，保障信息的正确传输。比如，传递 A、B、C、D 字母，分别用 A=00，B=01，C=10，D=11 表示，如果一个比特传输发生错误，整个含义则会完全改变；假如用 A=0000，B=00111，C=111000，D=11011 表示，即便出现一个比特传输错误，也仍可以被识别而不至于被理解为其他意思。

香农关于信息论的一系列研究，使得通信工程技术从经验走向科学，为现代通信理论奠定了坚实基础。现今，基于信息论的种种研究成果正在改变着这个世界，特别是通信与计算机等技术相结合，出现了大型计算机、卫星通信、虚拟现实等应用，使现代通信技术的发展充满生机与活力。

整体关系的体现。信息论中蕴含着深刻的哲学意义，即重视“整体”与“关系”。信息论的研究加速了科学整体化发展，对于系统的研究具有重要意义。

运用信息的观点和方法分析和处理问题时，可以把系统看作是信息的集合体，把系统有目标的运动抽象为一个信息的获取、传送、加工、处理的信息变换过程。它不对事物的整体结构进行剖析，而是从其信息流程加以综合考察，获取关于整体的性能和知识。世界上各种系统都可以抽象为通信模型，信息便是其中暗含的内在联系，使“关系”从抽象走向具体。信息方法的意义就在于它揭示了机器、生物系统的信息过程，揭示了不同系统的共同信息联系，信息正是“关系”的体现。

三、耗散结构论、协同论、突变论

继“老三论”之后，以耗散结构论（结构论）、协同论、突变论为代表的系统科学成果，被称为“新三论”。“新三论”在有序与无序的转化机制上，将系统的形成、结构和发展联系起来，成为推动系统科学发展的重要学科。

（一）耗散结构论：混沌蕴有序

1969 年，在“理论物理与生物学”国际会议上，比利时布鲁塞尔学派领导人普利高津教授针对非平衡统计物理学的发展提出了耗散结构论。一个远离平衡态的开放系统（力学的、物理的、

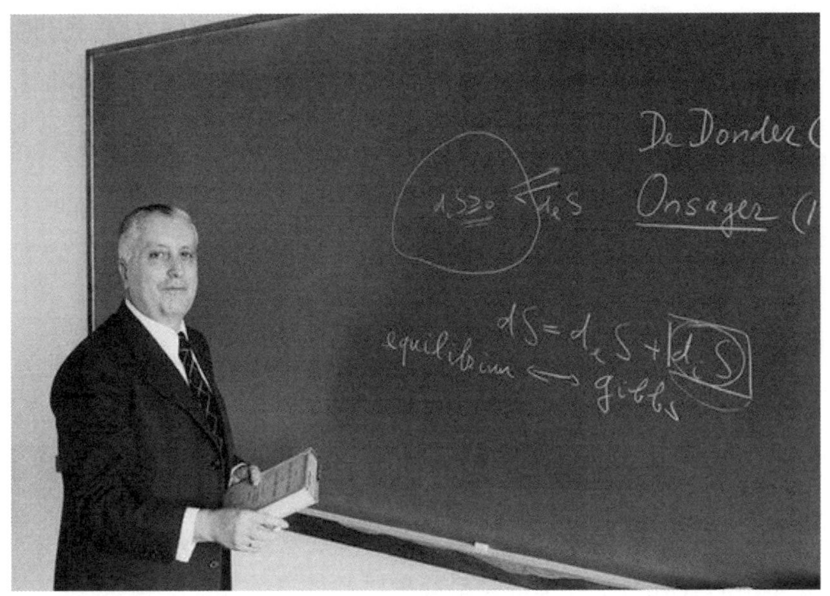

普利高津（1917—2003），比利时物理化学家，布鲁塞尔学派的领袖

化学的、生物的，乃至社会的、经济的系统），不断地与外界交换物质和能量，当外界条件或系统的某个参量的变化达到一定阈值时，可能从原有的混沌无序的混乱状态，转变为一种在时间上、空间上或功能上有序的状态。这种在远离平衡情况下所形成的新的有序结构，普利高津命名为“耗散结构”。普利高津因耗散结构论的建立而获得了1977年诺贝尔化学奖。

耗散结构论的创立。耗散结构论的创立缘于普利高津的独特视角，即从历史科学出发对自然科学进行思考，而对时间本质的再次认识是他对系统的整体性认识的切入点。

19世纪的热力学和生物学都涉及世界运动变化的方向，即“时间箭头”的问题。但是，这两门学科所提出的“时间箭头”的方向却截然不同，于是产生了一个克劳修斯（德国物理学家和数学家，热力学的主要奠基人之一）和达尔文、退化和进化的矛盾，似乎生物界包括人类社会遵循着与物理世界完全不同的规律，有着迥然不同的演化方向。

能否用物理学的观点来全面地解释生命的特点及其进化的过程，实现自然科学的大统一，是科学家们广泛关注的问题。在深入探讨这一问题的过程中，普利高津逐步建立起了耗散结构论，区分了孤立系统与开放系统的差异，解决了上述矛盾。事实上，现实中的各种系统基本都是呈耗散结构的开放系统，最常见的耗散结构包括火焰、瀑布等，这就对时间观念作了重大修正。自然界不再是僵死的、被动的，可逆性与决定论只适用于有限情况，不可逆性与随机性则起着根本作用，自然界必然是一个进化的自然界。

耗散结构论是研究耗散结构的性质，以及它的形成、稳定和演变的规律的科学，又称非平衡系统的自组织理论，其创立实现了科学研究重心从存在、被组织到演化、自组织的转移，促使我们重新考察科学的方法、目标、认识论、世界观等问题。

普利高津指出，形成耗散结构至少需要以下四个条件。

1. 系统必须是一个开放系统。普利高津在不违反热力学第二定律的条件下，通过引入负熵流来抵消熵产生，说明了开放系统可能从混沌无序状态向新的有序状态转化。宇宙中各种系统，不论是有生命的、无生命的，实际上无一不是与周围环境有着相互依存和相互作用的开放系统，因而这一理论涉及范围很广。

2. 系统应当远离平衡态。只有在远离平衡的条件下，系统才可能在不与热力学第二定律发生冲突的条件下向有序、有组织、多功能方向进化。

3. 系统内部各要素之间存在非线性的相互作用。这种相互作用使各个要素之间产生相干效应和协调动作。由于各要素之间的关系是非线性的，非线性方程必然存在多个解，从而使系统的演化发展可能出现几种不同的结果，这就产生了进化的多样性和复杂性。

4. 系统从无序向有序演化是通过随机的涨落来实现的。涨落成了促使系统从不稳定的状态跃迁到一个新的稳定的有序结构的因素，是形成耗散结构的杠杆。

耗散结构论的整体论思想。耗散结构论的创立，不仅具有重要的科学方法论意义，而且具有重要的哲学世界观意义。

耗散结构论认为，自然界是一个大系统，其演化是一个自组织过程，它强调的是外因与内因相结合的整体论。在系统的自组织中，内部因素是根据，外部因素是系统演化的条件。自组织演化并不意味着自身孤立地运动，而是多种因素协同作用的结果。耗散结构将自身与外部联系在一起，从而形成一种整体运动。因此，耗散结构论的自组织演化观在摒弃了自然界演化外力论的同时，又肯定了外部因素的作用，但这种作用是通过系统内部的自组织机制而实现的，从而形成了关于自然界演化发展原因的整体论观点。

从系统科学自身发展历程看，耗散结构论的创立标志着系统科学研究重心的根本转移。早期的系统科学主要在于确立对待系统的整体的科学态度，在于把握系统存在的某些最一般的属性。比如，贝塔朗菲主要描述了开放系统的一些基本特征，维纳的着眼点则是系统中信息的转换，以及伴随这一过程而显示出的通信和控制。普利高津则特别关心系统的演化及熵变的作用，着眼于描述系统演变和发展过程中所表现出的整体性，并形成了以自组织理论为标志的新的科学理论。

（二）协同论：冲突到平衡

“我们现在好像在大山脚下从不同的两边挖一条隧道，这个大山至今把不同的学科分隔开，尤其是把‘软’科学和‘硬’科学分隔开。”哈肯这句话可以说是对协同论恰如其分的比拟。

赫尔曼·哈肯是德国著名的理论物理学家，他在 1971 年就已经提出了“协同”概念，1976 年发表《协同学导论》《高等协同学》等系列论述，指出不同系统的子系统从无序走向有序的转变过程呈现出非常相似的行为；同时，他发现平衡系统在临界点上所发生的相变或类似相变的行为与平衡态相变类似。因此，他认为“一旦解决了一个领域的问题，它的结果就可以推广到另一个领域。一个系统可以作为另一个领域的模拟计算机”。无序和有序、慢变量和快变量，辩证统一的观点和认识，都是协同论关注的重点。

从哈肯的协同论来看，整体特征可以还原为个体特征，从个体特征出发，再整理、累加、归纳成为整体特征，这样的思想涉及了复杂社会系统的个体和整体的问题。哈肯提出，“系统存在整体性，宏观系统能够表现出微观系统所没有的系统量，描述整

赫尔曼·哈肯（1927— ），德国物理学家，协同论奠基人

体的行为必须用与微观量完全不同的新概念。”在此系统观的影响下，人们开始逐渐探索个体特征和整体特征的协同统一。

协同论中的“协同”概念，从广义上讲，既包括仁和、协作，同样也包括竞争的因素。“竞争”与“仁和”之间的矛盾运动，是系统形成与演化的重要因素。协同论指出，序参量的形成是协同与竞争的共同结果，中西方价值在“仁和”与“竞争”子系统的相互作用下，出现各种各样的子系统的各自运动模式和集体运行模式，每一个集体运行模式的出现，都是参与这一集体的组成部分之间协同的结果，而多个集体模式的出现，则是因为子系统之间存在差异与竞争。由此可以看出，中西方价值观中的“仁和”与“竞争”正是微观子系统间的协同与竞争、集体模式之间的协同与竞争、序参量之间的协同与竞争，是推动系统演化的动因。

系统的发展离不开协同的作用，否则将会变成一团散沙，但同样也离不开竞争，否则系统内的协同将缺乏最初的驱动力。系统通过协作达成有序，而能够完成这一任务的最佳媒介，显然就是通过促使系统成员之间形成竞争，并利用竞争来相互沟通与交流，在自发的基础上产生协同，完成“竞争对手→竞争（仁和）→更高层次的竞争”的循环链条。这显然比单纯强调“仁和”或“竞争”更具有可持续性。

我们可以举一个通俗的例子来形象地解释这一理论。假想有一只玻璃瓶放在桌面上，它处在一个稳定的状态，没有任何变化，此为稳定平衡。现在假想你用手指轻推瓶颈，这时变化产生，玻璃瓶晃动起来，它在通过一种连续性的方式来吸收变化，此为不稳定平衡。如果你停止推力，玻璃瓶将恢复到它的理想稳定状态。然而，如果你继续用力推下去，当推力达到一定程度，玻璃瓶便会倒下，由此又进入了一种新的稳定平衡状态。玻璃瓶的状态在这一瞬间就发生了突变，一个非连续性的变化就这样产生了：在玻璃瓶跌倒的过程中，没有任何可能的稳定中间状态，直到它完全倒伏在桌面上为止。

协同论的支配原理还包含着时间要素的哲学意义。对于那些强制的约束性而言，其发挥作用的时间是暂时的，最终可能依然会被时代遗忘；而自由竞争所形成的道德约束性，其发挥作用的时间可能会更长，更具有长远效应。

（三）突变论：量变到质变

突变论研究的是在自然界和人类社会范围内，连续渐变如何引起突变或飞跃，同时突变论还试图以统一的数学模型来描述、预测并控制这些突变或飞跃。它把人们关于质变的经验总结为数学模型，以表明质变既可以以飞跃的方式，也可以以渐变的方式来实现，同时，还给出了区分两种质变方式的方法。

突变论认为事物结构的稳定性是其研究的基础，事物的不同质态从根本上说都是一些具有稳定性的状态，这就是为什么有的事物不变，有的渐变，有的则突变的内在原因。

突变论从何而来？ 1901 年，荷兰植物学家和遗传学家德弗里斯通过进行多年的月见草实验的结果，提出生物进化起因于骤变的“突变论”，在科学界产生重大影响，甚至让很多人对达尔文的渐变进化论产生了怀疑。但后来的研究表明，月见草的骤变是较为罕见的染色体畸变所致，并非进化的普遍规律。

直到 20 世纪 60 年代末，法国数学家托姆为了解释胚胎学中的成胚过程，对突变论进行了重新定义。托姆于 1967 年发表了《形态发生动力学》一文，初步阐述了突变论的基本思想；1969 年发表了《生物学中的拓扑模型》，为突变论奠定了坚实基础；1972 年发表了专著《结构稳定与形态发生》，系统地阐述了突变论。70 年代以来，塞曼等人进一步发展了突变论，并把它应用到物理学、生物学、生态学、医学、经济学和社会学等各个方面，对各个领域都产生了积极影响。

“突变”一词的英文为“catastrophe”，这个单词原意是“突然来临的灾祸”，因此有人将其译为“灾变论”。但需要指出的是，突变论的主要特点是用形象而精确的数学模型来描述和预测事物的连续性中断的质变过程，而不是给出产生突变机制的假设，因此突变论特别适用于研究内部作用尚属未知、但已观察到有不连续现象的系统。

突变论是一门重视应用的科学，这既体现在“硬”科学方面，也体现在“软”科学方面。在数学上，突变论属于微分流形拓扑学的一个分支，是关于奇点的理论。它可以根据势函数而把临界点分类，并且研究各种临界点附近的不连续现象的特征。

突变论研究什么？在自然界和人类的社会活动中，除了渐变及连续光滑的变化现象外，还大量存在着另外一种现象，那就是突然变化和跃迁现象，例如水的沸腾、岩石的破裂、桥梁的崩塌、细胞的分裂、生物的变异、人的休克、情绪的波动、地震、战争、市场变化、经济危机等。突变论试图用数学方程描述这些突然变化的现象。简单来说，突变论研究从一种稳定组态跃迁到另一种稳定组态的现象和规律。

突变论认为，系统所处的状态可以用一组参数描述。若系统处于稳定状态，那么该系统状态的某个函数就是唯一值。若参数在某个范围内变化，该函数有不止一个极值时，系统也必然处于不稳定状态。系统从一种稳定状态进入不稳定状态，随着参数的再变化，又从不稳定状态进入另一种稳定状态，那么，系统状态就在这一刹那间发生了突变。突变论给出了系统状态的参数变化区域。

突变论认为，高度优化的设计很可能有着许多不理想的性质，因为结构上最优常常伴随着对缺陷的高度敏感性，从而会产生很难应对的破坏性，这些破坏性就容易造成真正的“灾变”。例如在工程建造中，高度优化的设计不稳定性常常较高，当出现不可避免的制造缺陷时，由于结构高度敏感，其承载能力将会突然变小，则容易出现突然的全面塌陷的现象。从上述实例可以看出，突变论不仅能够应用于多种不同领域，也能够以许多不同的方式来应用。

突变论是自然科学与哲学结合的产物。我们可以应用突变论来理解物质状态变化的相变过程，理解物理学中的激光效应，并建立相应的数学模型，通过初等突变类型的形态找到光的焦散面的全部可能形式。突变论还可以恰当地描述捕食者-被捕食者系统这一自然界中群体消长的现象。另外，在某些研究中我们很难用微积分方程式得到满意解释的内容，也可以通过突变论来预测，并使实验结果很好地吻合。突变论还可以对自然界生物形态的形成作出合理解释，用新颖的方式解释生物的发育问题，因此在发展生态学的过程中，突变论也作出了积极贡献。

在哲学方面，突变论对量变和质变规律的深化具有重要意义。很长时间以来，关于质变是通过飞跃还是通过渐变而实现的争论一直存在，并形成了三大派观点：“飞跃论”“渐进论”和“两种飞跃论”。突变论则认为，质态的转化既可通过飞跃来实现，也可通过渐变来实现，关键在于控制条件。在某些情况下，只要改变控制条件，飞跃过程可以转化为渐变，而渐变过程也可转化为飞跃。在严格控制条件的情况下，如果质变经历的中间过渡状态是不稳定的，那么它就是一个飞跃过程；如果中间状态是稳定的，那么它就是一个渐变过程。

应用突变论还可以设计许许多多的解释模型。例如经济危机模型，它表现为经济危机在爆发时是突变的，并且具有折叠型突变的特征，而经济危机后的复苏过程则是缓慢的，它是经济行为沿着“折叠曲面”缓慢滑升的渐变。此外，人们还根据突变论设计了“社会舆论模型”“战争爆发模型”“人的习惯模型”“对策模型”“攻击与妥协模型”等。

突变现象。突变论能够解释和预测自然界和社会上的突然现象，因此成为“软”科学研究的重要方法和得力工具之一。突变论在数学、物理学、化学、生物学、工程技术、社会科学等方面有着广阔的应用前景。《大英百科年鉴》(1977 年版)中写道：“突变论使人类有了战胜愚昧无知的珍奇武器，获得了一种观察宇宙万物的深奥见解。”

另一方面，突变论本身还有待进一步完善，其方法上也有许多争议之处，其在某些方面的应用仍有待进一步验证。比如，在将社会现象全部归纳为数学模型来模拟时，还有许多技术细节要解决，在选择参量和设计模型方面还有大量工作要做。

总之，正如任何一门新兴学科的发展经历一样，突变论自形成以来引起众多热议，褒贬不一。著名数学家斯图尔特在评价突变论时写道：“适当地理解突变理论，可以为我们生存的世界提供新颖而深入的见解。但它还需要加以发展、检验、修改，经历一般成为可靠的科学工具的全部过程。”

四、圣菲研究所与复杂性科学

20 世纪 80 年代，为解开复杂性过程，美国一批科学家开始自发组织，于 1984 年 5 月在新墨西哥州首府圣菲市的克里斯特雷修道院，成立了世界上第一个专门从事复杂性科学研究的非营利私人研究机构——圣菲研究所，发起人是曾担任美国能源部洛斯拉莫斯核能研究中心主任的乔治·考温。聚集在这里的研究人员，从梳着马尾辫的研究生到诺贝尔奖得主，都坚信复杂理论将普照自然和人类新科学。圣菲研究所主要研究方向包括复杂适应系统的跨学科方法、复杂自适应理论以及多主体仿真系统的建模、复杂网络分析和遗传算法等。

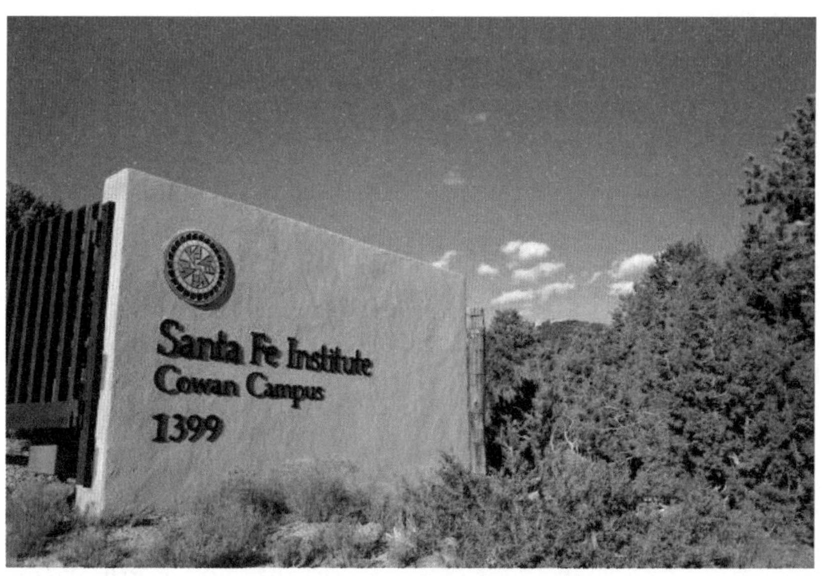

圣菲研究所：位于美国新墨西哥州圣菲市的非营利性研究机构，其主要研究方向是复杂系统科学。（来源：圣菲研究所）

乔治·考温曾在洛斯拉莫斯主持开展了分子生物学、非线性动力学、混沌现象与理论、计算机模拟等前沿科学研究。这种学科组合式的以现实现象为目标的研究，使乔治·考温产生了组织跨学科的研究机构和“培养21世纪的文艺复兴式人物”的设想。

乔治·考温认为：“传统的还原论的思维已经走进了死胡同，甚至就连一些核心物理学家也开始对忽视现实世界复杂性的数学式的抽象感到厌烦。他们好像正在有意无意地探索某种新的方法。在这个过程中，他们正在以他们过去这些年，甚至这几个世纪都从未有过的方式跨越传统的界线。”“在花了三百年的时间把所有的东西拆解成分子、原子、核子和夸克后，他们最终像是在开始把这个程序重新颠倒过来。他们开始研究这些东西是如何融合在一起，形成一个复杂的整体，而不再去把它们拆解为尽可能简单的东西来分析。”

圣菲研究所的科学家声称，他们正在突破自牛顿以来一直统治科学领域的线性、还原论的思维模式，并探索一条适合复杂性科学的新道路。曾从事还原论科学研究的三位诺贝尔奖获得者，加州大学有“夸克之父”之称的物理学家马瑞·盖尔曼、贝尔实验室凝聚态物理科学家安德森、斯坦福大学经济学教授肯尼斯·阿罗，认识到了还原论的局限性，勇敢地站出来，成为最早加入圣菲研究所的学者，这一行为在当时学术界引起了震动，被称为“老帅倒戈”。

1987年9月8日，圣菲研究所召开了全球第一次复杂性科学学术会议。一大批优秀经济学家、物理学家、化学家和生物学家共聚于此，展开热烈讨论，由此启动了复杂性科学的大规模研究，并一发而不可收。时至今日，圣菲研究所已在网络科学、标度理论、生物演化、免疫系统理论、稳健性与脆弱性理论等领域开展了研究并产生了重大影响。

圣菲学者于 20 世纪 90 年代提出复杂自适应理论，这一理论的基本理念是适应性产生复杂性。复杂性的本质不是客体或环境的复杂，而是主体自身的复杂，即主体复杂的应变能力以及与之相应的复杂结构。

圣菲研究所的学术领头人马瑞·盖尔曼认为，复杂适应系统形成后，在适应生存环境的过程中，能够从经验或环境中提取客观世界规律，并通过实践活动反馈改进，其结构和功能在适应过程中将会变得愈益复杂，并可能衍生出新型复杂适应系统。

圣菲研究所指导委员会主席、遗传算法发明者约翰·霍兰提出把“主动性”和“适应性”引入科学中，把研究对象当作具有各自思想的“主体”，认为在复杂系统中，组成要素都是有主体地参与，主体和客体存在耦合关系。

圣菲研究所致力于突破“还原论”的局限，其对复杂性的一系列科学研究，实际上解决的是开放的复杂巨系统的动力学问题。圣菲研究所的还原方式不是从整体还原到个体，而是还原到低层次个体间的简单规则，从而“把对涌现的繁杂的观测还原为简单机制的相互作用”。

而开放的复杂巨系统正是钱学森系统科学思想发展的重要成果。如何认识开放的复杂巨系统，为未来的复杂理论研究提供了新思路。

第三节

向何处去：钱学森的答案

两种终极概念——无限可分法则与集体法则——之间的冲突有着非常悠久的历史，不是几分钟的反省或随便交流就能解决的。我们可以说这种冲突代表了思想两极之间的张力，这种张力就像古典音乐中主音和属音之间的反复交替推动着奏鸣曲发展一样，推动着我们对世界的理解不断深入。在某个历史阶段，一种概念可能占主导地位，但这种压倒性优势只是暂时的，因为认识的实质就是这个矛盾本身。

——罗伯特·克劳林

一、哥廷根学派与技术科学思想

钱学森在美国留学期间，曾师从哥廷根学派。哥廷根学派注重理论与实践相结合的学术传统，推动了钱学森技术科学思想的孕育。技术科学思想后来也成为钱学森提出的现代科学技术体系的重要拼图。

（一）哥廷根学派溯源

哥廷根学派以发源于德国的哥廷根大学而得名，以高斯、黎曼、克莱因、希尔伯特等为各个时期的标志性人物，在近代数学的发展中一直处于主导地位，对世界科学，尤其是数学的发展有深远的影响。19 世纪初，大数学家高斯把现代数学提升到一个新的高度，从这时起，哥廷根大学就主张数学家不只是单纯研究数学，而且要积极地应用数学工具去解决天文学、物理学等方面的实际问题，形成了注重物理应用的学术传统。

高斯的学生狄利克雷，创始了解析数论，并对函数论、位势论和三角级数论都有重要贡献。其后，黎曼成为哥廷根学派的领袖，他创建的黎曼几何不仅推动了另一种非欧几何——椭圆几何学的诞生，并且在半个多世纪后引导爱因斯坦创立了广义相对论。

黎曼英年早逝，哥廷根学派短暂沉寂，直到 1886 年，克莱因带领哥廷根学派走上中兴之路。克莱因除了在纯粹数学上的成就外，还大力提倡应用数学，竭力促进数学、力学和其他基础学科在工程技术中的应用，并在哥廷根大学成立应用力学系，从此在哥廷根形成了一个纯数学、应用数学、应用力学协调发展的黄金时代，以理论科学基地著称的哥廷根大学同时成为应用技术的摇篮。在克莱因带领下，哥廷根学派发展出三大方向，分别是物理学派、数学学派、流体力学学派。

以普朗克、索末菲为首的哥廷根物理学派，半个世纪中走出的诺贝尔奖得主人数位居世界大学第八位，创造了“哥廷根诺贝尔奇迹”，成为世界物理的研究中心，爱因斯坦等物理泰斗都曾来到哥廷根大学进行交流研究。

哥廷根数学学派在希尔伯特治下甚至超越了高斯时期，达到新的巅峰。希尔伯特在哥廷根大学任教期间，先后在几何学公理化、变分法、积分方程和数学基础方面作出了巨大贡献，引领着数学发展。

以普朗特、冯·卡门为首的哥廷根流体力学学派，首先在哥廷根大学成长发展。后来，普朗特最杰出的学生冯·卡门到加州理工学院任职，把应用力学从德国带到了美国。他主要从事航空航天力学方面的工作，是工程力学和航空技术的权威，对于 20 世纪流体力学、空气动力学理论与应用的发展，尤其是在超声速和高超声速气流表征方面，以及亚声速与超声速航空、航天器的设计，产生了重大影响。1944 年，他和加州理工学院古根罕空气动力学实验室的人员一起组建了喷气推进实验室。以钱学森、陆士嘉、郭永怀、钱伟长和周培源为代表的中国科学家先后到冯·卡门那里学习和工作，他们回国后在空气动力学、固体力学和流体力学等应用力学领域取得了举世瞩目的成就，为中国的力学的发展奠定了坚实基础。

（二）技术科学的诞生

19 世纪末 20 世纪初，哥廷根大学数学家克莱因致力于推动理论科学应用于工程技术的改进，使科学与工程的结合发生了质的变化。在克莱因等科学家的倡导下，以经典力学为理论基础，加强服务实际工程技术应用的应用力学得以兴起，由此形成了举

乔治–奥古斯都–哥廷根大学，因德国汉诺威公爵兼英国国王乔治二世创建而得名。（来源：哥廷根大学官网）

世闻名的哥廷根应用力学学派。同时，电气、化工等其他领域的基础科学和工程基础应用相结合的趋势也愈加明显，世界工程技术发生了重大变化。比如二战期间火箭、高速飞机、雷达、核武器等重要武器装备的发明和使用，就是以数学、力学、物理学等理论科学作为设计依据，由科学家和工程师密切合作得以产生的，不再是单纯依靠工程实践积累和经验判断。

钱学森敏锐地觉察到并抓住这个发展趋势，提出了技术科学的概念。他指出，应用力学有两个方面的服务对象，一个是为工程设计服务，直接服务于发展生产；另一个是为发展自然科学服务。这两个服务不是截然分开的，而是有交叉。前者就是技术科学的内容。这是钱学森技术科学思想的雏形。

（三）架起理论与实践之桥

哥廷根学派最重要的科研思想是：从扑朔迷离的复杂问题中找出其物理本质，然后用简单的数学方法分析解决工程实际问题，这种思想的核心在于理论与实际应用的结合、科学与技术的结合。

钱学森传承了哥廷根学派的优良学风和科研思想，并且特别重视学术交流、自由讨论。钱学森的技术科学思想的形成可追溯到其赴美留学师从哥廷根学派冯·卡门开展科研工作的时期。

钱学森在加州理工学院课堂上的留影

1935 年，钱学森进入美国麻省理工学院航空系学习，获得航空硕士学位后转向航空工程理论——应用力学的学习，师从冯·卡门教授。在冯·卡门的指导下，钱学森深刻领悟了应用力学学派的思想精髓，在固体力学、流体力学、空气动力学等方向上取得了许多重要成就。他在留美期间还参与了美国空军发展战略规划“迈向新高度”的编制，积累了丰厚的理论和应用经验。

1947 年，钱学森回祖国探亲，先后在浙江大学、上海交通大学和清华大学做了题为“Engineering and Engineering Sciences”的学术报告，意在引起国内科技教育界对技术科学这个正在兴起的新领域的重视。报告中首次提出了存在“基础科学-技术科学-工程技术”三个层次结构的观点，对技术科学的概念进行了说明。技术科学侧重揭示现象的机制、层次、关系等的实质，并提炼工程技术中普遍适用的原则、规律和方法，主要是如何将基础科学准确便捷地应用于工程实施的学问，是科学技术转化为社会生产力的关键。这一思想对当时饱受苦难的中国人民，特别是对当时的科技人员，具有特殊的意义。

二、钱学森技术科学思想的发展

留学美国的经历，点燃了钱学森技术科学思想的星星之火。经过长期的科学研究、教学实践以及对 20 世纪中期以前的世界应用科学的概括和总结，钱学森关于技术科学的思考愈发深入。他指出，着重发展技术科学可以促进广大科技工作者将理论与实际自觉地结合，从而促进生产力的发展。同时，技术科学的发展更能凸显某一学科在整个科学技术体系中的地位和作用，更利于该门学科的深入发展。

(一) 钱学森技术科学思想的标志——《工程控制论》

1949 年 10 月，听到新中国成立的消息，钱学森更是迫切希望将技术科学的思想发扬光大，更好地服务于祖国的经济建设和社会发展。他的归国之路异常艰辛。但即使在被软禁美国期间，钱学森也没有停止过思考与探索。他在美国工程实践的基础上，一方面吸收了“控制论”中普遍性、一般性的思想，另一方面总结实践中常用的设计原则、试验方法，并将其上升到理论高度，完成了巨著《工程控制论》。《工程控制论》成为钱学森技术科学思想的载体和标志。

《工程控制论》的篇幅不足 50 页，但内容极为丰富。在书中，钱学森从拉普拉斯变换开始，对时域与频域两个方向的工作中最核心的部分进行叙述，可谓是对经典控制理论主体内容很好的提炼。同时，他还在工程允许的假设条件下，通过对回路中谐波分析等物理角度的考量，讨论了也可归于经典控制理论范畴自然扩展的具时滞的系统、采样系统和交流伺服系统。《工程控制论》突破了经典控制理论的框框，针对问题采用了新的描述，使用了有别于传统理论的方法，创造性地将控制论、运筹学、信息论结合起来。

《工程控制论》不仅是对自动化学科发展的重大贡献，事实上已经孕育着系统科学的核心思想。书中所阐述的“用不可靠的元器件可以组成一个可靠运行的系统”，不仅是钱学森在美国研制导弹的经验总结，也正是系统工程的核心思想。《工程控制论》是钱学森综合其他学科优势和工程实践经验的重要成果，是钱学森的系统工程思想的重要理论来源，是对系统科学发展的直接贡献。正如许国志等在《论系统工程》（上海交通大学出版社）中所述，“从现代科学技术发展看，《工程控制论》远超出了当时自动控制理论的一般研究对象，已不完全属于自然科学领域，而属于系统科学范畴。”

1954 年，钱学森的《工程控制论》（英文版）正式出版。

《工程控制论》于 1954 年首先在美国以英文出版，随后即在国际学术界引起了强烈的反响，各国都迅速开展了该书的翻译工作。1956 年苏联出俄文版，1957 年民主德国出德文版，1958 年中文版发行。1955 年，钱学森离开美国前，将《工程控制论》一书送给老师冯·卡门，冯·卡门感慨道：“我为你骄傲，你现在在学术上已经超过我了！”这不仅是对钱学森学术水平和学术成果的充分肯定，更是对其技术科学思想的莫大赞许。

可以说，这时钱学森的技术科学思想已经日臻成熟，静待实践去考量和验证。不久之后中国航天事业的蓬勃发展，恰恰成了技术科学思想最好的试金石。

(二) 钱学森技术科学思想在国内的应用和发展

1955 年 10 月 8 日，在党中央和各界人士的共同努力下，钱学森终于以一个科学家的身份重回祖国母亲的怀抱。

1955 年冬天，中国科学院安排钱学森前往当时中国工业最发达的东北地区进行考察。陈赓大将奉命专程前往哈尔滨军事工程学院迎接来校参观的钱学森，在陪同观看简陋的小火箭实验台时，陈赓向钱学森提出了中国能不能自己制造导弹的问题，钱学森很干脆地回答："外国人能搞的，难道中国人不能搞？"陈赓听了以后非常高兴地说："好极了，就要你这句话。"钱学森的雄心壮志更加坚定了当时中国领导人发展中国国防工业和导弹事业的决心和勇气。在陈赓大将的安排下，钱学森给在京的军事干部连续做了 3 场"关于导弹武器知识的概述"的报告，并按照周恩来总理的意见向国务院提交了《建立我国国防航空工业意见书》，第一次系统地从领导、科研、设计、生产等方面提出了发展中国火箭和导弹技术的重要意见。

大力发展祖国国防航空工业，钱学森已然重任在肩，在转型投身大型工程实践的过程中，钱学森依然不忘技术科学思想的指导作用。他坚信，从实际中来，向实际中去，技术科学思想是引领和推进工程技术前进的一股强大力量。

1957 年，钱学森在全国首届力学学术会议上做了报告，主题就是《论技术科学》。这篇文章详细论述了技术科学的基础性质、形成过程、学科地位、研究方法和发展方向，并由此形成了完整的技术科学观点。

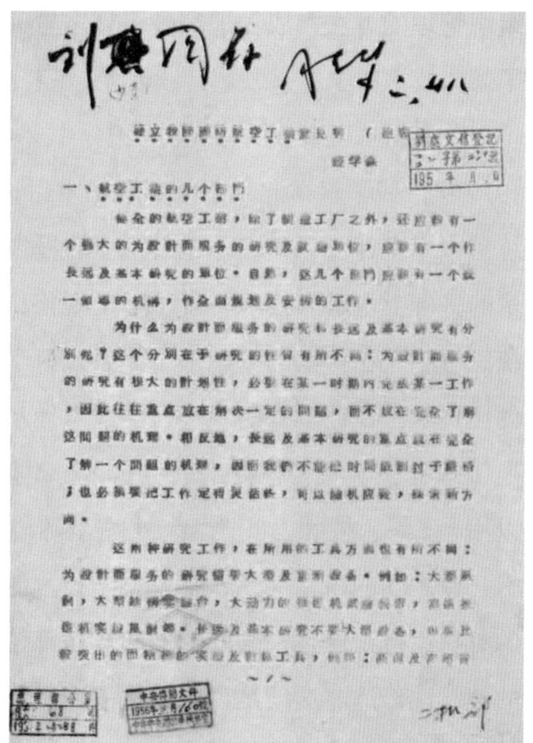

建立我国国防航空工业意见书（初稿）

钱学森

一、航空工业的几个部门

健全的航空工业，除了制造工厂之外，还应该有一个强大的为设计而服务的研究及试验单位，应该有一个作长远及基本研究的单位。自然，这几个部门应该有一个统一领导的机构，作全面规划及安排的工作。

为什么为设计而服务的研究和长远及基本研究有分别呢？这个分别在于研究的性质有所不同：为设计而服务的研究有极大的计划性，必须在某一时期内完成某一工作，因此往往重点放在解决一定的问题，而不放在完全了解这问题的机理。相反地，长远及基本研究的重点放在完全了解一个问题的机理，因而我们不能把时间限制得过于严格；也必须要把工作定得灵活些，可以随机应变，转向新方向。

这两种研究工作，在所用的工具方面也有所不同：为设计而服务的研究需要大型及全面设备。例如：大型风洞，

—1—

钱学森向国务院提交的《建立我国国防航空工业意见书》首页影印版（在纪录片《国家记忆》之《钱学森与中国航天60年》系列第二集中出现）

中国航天事业的宏观发展战略、中国重大航天技术的决策、中国重大航天计划管理的统筹和组织等重大决策和事项，都源于钱学森的技术科学思想。可以说，中国航天科技工业的崛起，随处闪耀着钱学森技术科学思想之光。钱学森大力介绍和传播技术科学思想，他与同属应用力学学派传人的郭永怀、钱伟长等一起，参与制定国家科学发展规划，筹建技术科学人才培养与研究机构，根据国民经济和国防建设的需要安排技术科学研究任务，还在与“两弹一星”工程有关的关键技术攻关过程中采用技术科学研究与

组织管理的方法，成功地突破了许多重大关键技术，有力地推动了某些技术科学新兴领域持续发展。

在中国航天事业的伟大实践中，技术科学思想也在不断发展。1979年，钱学森在北京系统工程学术讨论会上发表《大力发展系统工程尽早建立系统科学的体系》的报告，在基础科学与工程技术的基础上上融入技术科学，提出现代科学技术体系，这使得系统思想建立在科学的基础上，为系统科学的体系化发展作出了开创性贡献。在钱学森的现代科学技术体系构想中，技术科学既是连接基础科学与工程技术的“纽带”，也是两者的“催化剂”。可以用“根深、枝壮、叶茂”来比喻基础科学、技术科学和工程技术三者之间的内在关系，整个科学技术的发展离不开根、枝、叶的有机运行，但是根与叶的健康成长都依赖于树干与树枝对营养的持续性传递。这就是说，缺失了技术科学的纽带作用，基础科学研究成果就难以形成强有力的工程技术，而工程技术也就丧失了发展潜力。

钱学森的技术科学思想，得到了历届党和国家领导人的高度重视。

1991年10月16日，江泽民同志在授予钱学森“国家杰出贡献科学家”荣誉称号的仪式上说道：“钱学森同志是我国杰出的科学家，在国内外享有很高的声誉。他在技术科学的许多领域作出了卓越贡献。特别是在老一辈无产阶级革命家的领导下，钱学森同志以他渊博的学识和对人民事业的热忱，为组织领导新中国火箭、导弹和航天器的研究发展工作发挥了重要作用。”“钱学森同志是我国爱国知识分子的典范，他的经历体现了当代中国知识分子追求进步的正确道路。”

2006 年 6 月 5 日，胡锦涛在中国科学院第十三次院士大会与中国工程院第八次院士大会上的讲话中指出：“要高度重视技术科学的发展和工程实践能力的培养，提高把科技成果转化为工程应用的能力。”

2018 年 5 月 28 日，在中国科学院第十九次院士大会、中国工程院第十四次院士大会的讲话中，习近平总书记强调的“关键共性技术、前沿引领技术、现代工程技术、颠覆性技术创新”四个突破口，都直指技术科学。可见，中国被“卡脖子”的问题表面上是工程技术问题，实质都是在原理层面的技术科学领域。因而，要大力发展多学科融合的技术科学研究，从而带动基础科学和工程技术的发展，进而形成完整的现代科学技术体系。

三、人–机–环境系统工程的诞生

钱学森长期致力于人–机–环境系统工程的研究，并给予了高度重视。该理论随着载人航天工程的发展逐渐形成，为解决复杂系统提供了一套崭新的方法论。

人–机–环境系统工程主要基于系统科学的理论和系统工程的方法，将人、机和环境看作不可分割的整体，研究这三大要素的相互关系、总体性能及最优组合，以发挥其最大效能。它起源于航天，但又拓展应用于社会各领域，不仅对国防现代化建设和部队战斗力提升有积极的促进作用，而且为人类社会的生产力推进和可持续发展提供了有效的方法和手段。

(一) 人—机—环境系统工程的提出

1979 年 11 月 30 日，钱学森在上海理工大学系统科学与系统工程研究所成立大会上的讲话中指出："在系统工程的实践当中，它总离不开人的因素。可以概念地说，我把人也包括在系统里面了，但是具体你怎么办？人太复杂了，现在还没有一个通用的理论可以预计人的行为。"

基于这样的思考，他大力推动人-机-环境系统工程的建立和发展。1981 年，钱学森亲自指导航天医学工程研究所的陈信、龙升照，通过深入总结我国载人航天预先研究的实践经验，认真分析国外相关领域的科学研究和工程应用情况，研究后提出了一门

1979 年，钱学森出席上海理工大学系统科学与系统工程研究所成立大会。

新兴学科，即人–机–环境系统工程。

而后，钱学森又多次强调人–机–环境系统工程的重要性。1985年10月21日，他在航天医学工程研究所的讲话中指出："人–机–环境系统工程，这是一项很重要的工作，因为过去我们对精神与物质，主观与客观，人与武器，这些问题只能从哲学的角度论述，要具体化好像就没有办法，不能定量，也不能严格地科学地分析……但是，这么一个状态到最近10年我看开始有了变化，主要是由于自然科学技术的发展，对于人，在人的生理、功能、心理以至于脑科学方面的发展。然而在这些发展的同时还有另一方面的发展——就是系统科学的发展，它可能把这各个领域里的发展综合起来，由量变到质变，产生一个飞跃。你们所提出来的人–机–环境系统工程，把人、机器跟整个客观环境连在一起来考虑，这就跟单个考虑人、考虑环境不一样，这就是辩证法，综合了，辩证统一了。因此，你们所提出这个问题——人–机–环境系统工程——对于国防科学技术是有深远意义的。"

1985年10月28日，钱学森再一次指出："人–机–环境系统工程的发展，肯定是一次技术革命。"

（二）人–机–环境系统工程的内涵

人–机–环境系统工程强调自上而下、由总而细的系统思考方法，遵循系统–还原–再系统–再还原的不断循环上升的思维，把整体论与还原论有机结合，不断推动其研究往纵深发展。它作为一门综合性交叉技术科学，融合了生理学、心理学、计算机科学、生物力学、系统科学等多个学科领域的知识和研究方法，通过测量人体数据，建立人体模型，分析获取人的信息处理能力、心理特征及作业特征，来研究人、机器和环境的运行规律及最优组合。

人-机-环境系统工程的内涵和实施方法可用“三个理论、三个要素、三个步骤、三个目标、七项研究内容”来概括。“三个理论”即主要围绕控制论、模型论、优化论三大基础理论展开；“三个要素”指系统组成部分，包括人（作为工作主体的人，如管理人员、操作人员）、机（人所控制的对象，如飞机、火车）、环境（人、机共处的特定工作条件，如湿度、温度）；“三个步骤”表示完整的研究过程需要历经方案决策、研制生产和实际使用三个步骤；“三个目标”是指追求系统最优组合时的基本目标是安全、高效和经济（成本最低）；“七项研究内容”分别指：人的特性的研究、机的特性的研究、环境特性的研究、人-机关系的研究、人-环境关系的研究、机-环境关系的研究、人-机-环境系统总体性能的研究。

（三）人—机—环境系统工程的应用

在人-机-环境系统工程的基础理论和方法逐渐明晰之后，它在社会各领域的应用也开始推进。1993 年 10 月 22 日，钱学森在给龙升照的信中指出：“现在（人-机-环境系统工程）研究范围已大大超出原来航天，内容涉及航空、航天、兵器、电子、能源、交通、电力、煤炭、冶金、体育、康复、管理等领域！你们是在社会主义中国开创了这门重要现代科学技术。”这一席话可以说为人-机-环境系统工程未来的应用领域描绘了蓝图、指明了方向。

人-机-环境系统工程在推进生态文明建设方面也有着巨大潜

力。早在20世纪80年代，钱学森就提出要留住绿水青山、建设生态文明，在战略层面前瞻性地提出了“环境系统工程”的概念，强调研究生态环境，要运用系统思维，把地球表层的非生物、生物和人看作一个“开放的复杂巨系统”来管理。对外，它与宇宙空间的物质、信息、能量等进行着交换，接受外来电磁波、粒子流、尘埃，并通过引力影响天体运动；对内，其本身包含无数层次复杂、种类各异、相互依存、相互影响的子系统，每个子系统既参与整个系统的行为活动，又受整个系统和环境的影响，尤其“人”这一要素的介入更是增加了系统的复杂性。因此，要管理这个复杂系统，要靠系统工程的理论方法，采取先进的科学技术，即人-机-环境结合的工作体系，运用从定性到定量的综合集成方法，才能比较全面合理地解决社会主义生态文明建设中的具体问题，真正做到防微杜渐、惠及子孙万代。

第一章：小结

在还原论思想的导引下，近现代科学技术得以形成，大规模工程实践陆续开展，产业的业态不断涌现，同时，世界的多元化程度越来越高，世界的复杂性急剧上升。伴随着复杂性问题的频发，还原论遭受到了时代挑战——对于复杂系统，整体的性质不等于部分性质之和，整体与部分之间的关系也不是简单的线性关系。面对复杂系统问题，还原论在许多方面显得无能为力。时代需要新的方法论。

复杂性科学兴起于20世纪80年代，是当代科学发展的前沿领域之一，在研究方法论上进行了突破和创新。复杂性科学以复杂系统为研究对象，以超越还原论为方法论特征，以揭示和解释复杂系统运行规律为主要任务。复杂性科学力图抛弃还原论适用于所有学科的梦想，打破传统学科之间互不来往的界限，寻找各学科之间相互联系、相互合作的统一机制。复杂性科学的理论和方法将为人类的发展提供一种新思路、新方法和新途径。

要解决复杂性研究中的“涌现”问题，就必须打通从微观到宏观的通路，把宏观和微观统一起来，这将是在系统论指引下的科学革命。

人类文明史是一部人类不断自我认识、自我改造和自我提升的进化史。不论从自然史还是社会史的角度看，还原论、整体论、“新、老三论”始终贯穿在整个发展过程中，为人类认识世界与改造世界提供思想引领和方法支撑。20 世纪 70 年代以来，世界多极化和经济全球化趋势不断深化，信息社会飞速发展，世界复杂性问题不断爆发，各个方法论正持续为社会复杂巨系统提供解决之钥。而这一切都为钱学森开放的复杂巨系统理论的产生提供了重要根基与肥沃土壤。

建立我国航空工业意见书（初稿）

钱学森

一、航空工业的几个部门

一个健全的航空工业，除了制造工厂之外，还应该有一个强大的为设计而服务的研究及试验单位，应该有一个作长远及基本研究的单位。自然，这几个部门应该有一个统一领导的机构，作全面规划及安排的工作。

为什么为设计而服务的研究和长远及基本研究有所区别呢？这个分别在于研究的目的有所不同：为设计而服务的研究有很大的计划性，必须在某一时期内完成某一工作，因此往往重点放在解决一定的问题，而不放在完全了解这问题的机理。相反地，长远及基本研究的重点必须放在了解一个问题的机理，因而我们不能把时间限制过于；也必须要把工作定得灵活些，可以随机应变，抓紧

这两种研究工作，在所用的工具方面也有所不同。为设计而服务的研究需要大型及贵重设备。例如：大洞，大型结构实验台，大动力的推进机试验设备，发动机实验厂房等。长远及基本研究不需要大型设备，但需精密的实验仪器及计算工具，例如：……及数学计算而制造的实验及计算工具

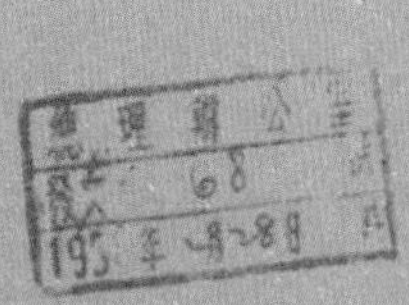

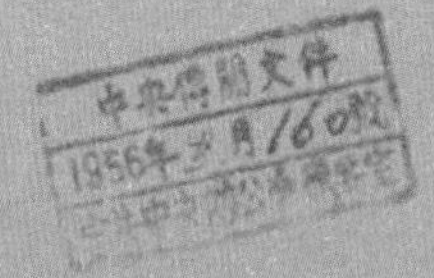

第二章

时代的呼唤：创建系统学

从科学视野来看，钱学森是一位名副其实的科学泰斗和科学领袖，也是一位极富远见的战略科学家。

20 世纪 80 年代初从科研一线领导岗位退休后，钱学森将全部精力投入到学术研究中，开创了一套既有普遍科学意义，又有中国特色的系统工程管理方法与技术。他将还原论思想与整体论思想相结合，形成了系统论，实现了二者的辩证统一；他先后提出“从定性到定量的综合集成方法”及其实践形式“从定性到定量的综合集成研讨厅体系”；他提出的“一个总体部，两条指挥线”理念，至今仍在中国航天工程管理中广泛使用；他开创了开放的复杂巨系统的科学与技术，同时不遗余力地推动系统工程在经济社会中的应用。

1991 年，钱学森在“国家杰出贡献科学家”（中国科学家的最高荣誉，钱学森是迄今为止唯一一位获得这一荣誉者）颁奖仪式之后，说过这样一句话：“‘两弹一星’工程所依据的都是成熟理论，我只是把别人和我经过实践证明可行的成熟技术拿过来用，这个没有什么了不起，只要国家需要我就应该这样做。系统工程与总体部思想才是我一生追求的。”

钱学森的一生是科学的一生、创新的一生和辉煌的一生。他的系统科学成就与贡献，不仅充分反映出他的科学创新精神，同时也深刻体现出他的科学思想和科学方法。

集大成，得智慧；综合集成，大成智慧。

1991 年 10 月 16 日，国务院、中央军委授予钱学森“国家杰出贡献科学家”荣誉称号。

第一节

火种觉醒：从航天实践到理论创新

钱学森在开创中国航天事业的过程中，也开创了一套既具有中国特色又具有普遍科学意义的系统工程管理方法和技术。他提出的“两条指挥线”，确保了技术决策的科学与民主和决策计划的有效执行与实施；他设计的科研生产计划协调管理系统，保证了型号研制工作的合理、有序、协调地运行；他创建的“总体设计部”，充分考虑了航天工程的综合性、复杂性，以及分系统与总体之间的紧密联系，确保了系统整体最优。

钱老用毕生精力创立的这套系统科学思想和方法，是航天事业发展的根基，是最强有力的方法论。

——摘自《口述钱学森工程第93期：雷凡培专访》

一、系统工程在艰难岁月破壳成长

（一）系统科学与航天系统

1955年钱学森回国后，先后担任中国科学院力学研究所所长、国防部第五研究院院长、第七机械工业部副部长等重要职务，在科研和生产组织管理方面积累了丰富的经验。周恩来总理在调研航天工作时对钱学森说："学森同志，你们那套方法能否介绍到全国其他行业去，让他们也学学。"按照周总理的嘱托，钱学森将中国航天的成功经验进行总结，以推广到国家的其他重大工程和行业中去。他的系统科学思想就在这个实践过程中逐渐成熟起来。

周恩来接见国防部第五研究院首届党代会代表时，与钱学森握手。

系统科学集钱学森毕生科学探索和工程实践之大成，是他的第三个创造高峰。系统科学为人们从事物的整体和部分、局部与全局以及层次关系的角度来研究客观世界，提供了从应用技术层次、技术科学层次、基础理论层次到哲学层次的一整套科学理论与方法。

钱学森认为，系统是由相互作用和相互依赖的若干组成部分结合成的具有特定功能的有机整体，系统思想是进行分析和综合的辩证思维工具，它在辩证唯物主义那里取得了哲学的表达形式，在运筹学和其他系统科学那里取得了定量的表达形式，在系统工程那里获得了丰富的实践内容。系统思想属于认识论，系统理论是认识客观事物的工具，系统工程是构建系统、管理系统的手段，而构建系统和管理系统则必须有总体设计。

系统科学思想的萌发，与钱学森等人在中国航天事业上的开创性工作紧密相关。

航天系统又称航天工程系统，由航天器、航天运输系统、航天器发射场、航天测控网、应用系统组成，是完成特定航天任务的工程系统，研制周期长、参研单位众多、系统复杂，是典型的复杂巨系统。

以 2020 年 7 月 31 日正式开通的“北斗三号”全球卫星导航系统为例。该系统从 1994 年立项开始，历经三代 26 年建设时间，参研参建单位 400 多家，科研人员 30 余万名。仅其中的卫星系统，就包括总体设计、结构机械、热控制、综合电子、控制与推进、载荷等众多分系统，同时还有测试、总装等环节。这个系统具有明显的“复杂性”“巨大性”等特征。

航天复杂巨系统具有一般复杂巨系统的基本特征，具体来说有四个方面：

（1）整体性和层次性。栾恩杰院士指出，整体性和层次性是系统性的本质属性，是工程系统诸多特性中的第一特性。航天复杂巨系统是由两个或两个以上既相互区别、又相互联系的部分组成的，这种组成不是那些具有独立功能的部分的简单集合，而是按照系统所具有的整体性构成的，具有整体功能。

（2）统一性和协同性。航天复杂巨系统作为一个整体，系统中所有组成部分都为工程总体的目标服务，以达到系统工程的统一性要求。协同性是指各组成部分之间具有密切的联系，相互影响，相互作用，相互制约，牵一发而动全身，因此航天复杂巨系统非常重视接口衔接、匹配试验的工作。

（3）复杂性与巨型性。航天复杂巨系统不仅子系统数量巨大，且型号研制跨领域、跨系统，工作链条长，涉及的管理环节与相关参与人员多，研制周期长，需要航天内部外部多学科、多专业的广泛参与，因而其子系统种类多、层次结构错综变化、关联关系交叉复杂。

（4）涌现性与开放性。涌现性即系统中互相作用的各组分系统表现出“整体大于部分之和”的现象，产生出系统原来没有的结果，创新出新的解决思路、方法、产品或服务。与环境互动互应，是系统产生复杂性的必要条件。从最初局限于国有军工系统的全国大协作，到如今立足国内、国际两个市场，与政府、用户、高校科研院所密切互动，与民营企业优势互补，航天复杂巨系统呈现出更显著的开放融合态势。

与其他复杂巨系统（如生物体系统、人脑系统、人体系统、地理系统、星系系统）相比，航天复杂巨系统还另外具有“技术与管理紧密耦合”的典型特征，这也是导致航天复杂巨系统复杂性的根本原因。

航天复杂巨系统不仅涉及航天运载器技术、航天器技术、航天测控技术等跨领域、跨学科的技术研发与产品研制，也需要对航天系统的研制过程、航天工程的运行过程进行技术抓总与管理协调。技术抓总包括对系统方案的论证优选，技术性能要求的分解，可靠性分配，试验验证方案拟定，新技术、新材料、新工艺评估等；管理协调主要包括需求管理、基线管理、技术状态变更管理、质量管理大纲拟定、系统工程主计划拟定、技术经济性评估等。在技术上使系统的研制工作合理地分解下去，变为各分系统、专业单位明确的研制任务，在组织上使系统-分系统及各分系统之间协调受控、有序运转。因此，航天复杂巨系统是技术与管理的统一体。

（二）艰难历程催生系统工程

系统论是系统工程的哲学基础，系统工程的产生得益于航天工程的大胆实践。在我国航天工程系统建造过程中，坚持运用系统工程思想与方法实施科学管理，进行顶层设计，制定总体规划，提出总体方案，在推进过程中注意多学科交叉、由多部门协同，在实践中总结经验教训，创新理论方法，系统工程得到不断完善。

钱学森曾说：“系统工程与总体设计部思想才是我一生追求的。它的意义，可能要远远超出我对中国航天的贡献。”对系统工程、对总体设计部思想，他称之为“中国人的发明”“前无古人的方法”“我们的命根子”。

钱学森的总体设计部思想源于他的系统思想和系统管理理念，其形成过程可以追溯到 20 世纪 50 年代他开始全面规划中国导弹事业时。

钱学森在参考解放战争时期大规模兵团作战经验的基础上，借鉴在美国求学、工作期间参与导弹研制的成功经验，将中国共产党所独有的民主集中制运用到研制的全过程中，由此逐步探索形成了总体设计部思想。他意识到，搞国防尖端技术，要指挥如此之大的社会劳动，必须成立一个有很多学科配套、专业齐全、具有丰富研制经验的高技术科技队伍组成的部门，为领导提供技术参谋。这个部门就是现在航天系统总体设计部的雏形。

1962 年 3 月 21 日，中国第一颗自行设计的改进型中近程导弹“东风二号”开始首次试验。导弹刚发射升空，弹身便开始晃动，接着就偏离了轨道，垂直坠毁在距离发射台 300 米的地方。伴随着一声巨响，100 多米高的蘑菇云腾空而起，地面被砸出一个深 4 米、直径 22 米的焦黑大坑，整个过程只有 69 秒。

这次失败原因很快查明。钱学森找到症结：“如果一个一个局部构件彼此不协调，那么，即使这些构件的设计和制造从局部看是很先进的，但这部机器的总体性能还是不合格的。”随后，他提出加强总体设计部的建设。1962 年 11 月 8 日，《国防部第五研究院暂行条例》颁发试行，其中“建立总体设计部”是核心内容之一。1963 年以后，国防部第五研究院设立了若干型号研究院，每个型号研究院都设置了总体设计部。

准备发射的“东风二号”导弹

根据型号系统总体目标要求，总体设计部设计的是型号系统总体方案，是实现整个系统的技术途径和方法。总体设计部把系统作为它所从属的更大系统的组成部分进行研制，对它所有技术要求，都首先从实现这个更大系统的技术协调来考虑；总体设计部又把系统作为若干分系统有机结合的整体来设计，对每个分系统的技术要求，都首先从实现整个系统技术协调的角度来考虑。总体设计部对研制中分系统之间的矛盾，分系统与系统之间的矛盾，都首先从总体目标的需要来考虑。

钱学森等人通过总结经验教训，对航天工程的综合性、复杂性，对分系统与总体之间牵一发而动全身的紧密联系，都有了切身的体会，对总体设计部在导弹工程中极其重要的地位和作用有了更深刻的理解，提出要进一步强化总体设计部在整个大系统中的作用。

曾任中国载人航天工程总设计师的王永志回忆说：“我们刚分到一分院总体部工作时，连总体设计的概念都没有，各方面的技术问题也不会协调。有一次，钱院长来了，他给大家举了一个通俗易懂的例子，说今天天气很热，这个房间温度很高，正好屋里有台电冰箱。于是有人提议，将冰箱门打开，不是可以放出些冷气吗？但是，这个意见是错误的，因为你在通过冰箱不断向室内输送能量。也许你站在冰箱门口会感到有些凉意，但整个室内的温度必然升高。这就是局部和整体的关系，局部优化不等于整体优化。总体设计部的任务就是要做到整体优化。钱院长这个通俗易懂的例子，使我们明确了总体设计部的任务和要求。”

总体设计部“由熟悉系统各方面专业知识的技术人员组成，并由知识面比较宽广的专家负责领导。总体设计部设计的是系统的‘总体’，是系统的‘总体方案’，是实现整个系统的‘技术途径’，总体设计部一般不承担具体部件的设计，却是整个系统研制工作中必不可少的技术抓总单位”。在项目工程中，负有工程全局责任的总体人员团队称为总体部，负责工程分系统全局的总体人员团队称为总体室，再下一层的总体人员团队称为总体组，负有工程之上更大工程全局责任的总体人员团队称为大总体部。

可以说，从工程系统的研发、制造到定型，各方面、各阶段的工作，均始于总体设计，终于总体设计。因此，作为研制队伍千军万马的总参谋部，总体设计部不仅要有坚实的理论基础和实践经验，还要有很高的统筹协调能力和组织管理艺术。

系统工程管理的理论体系与我国航天型号研制工程相结合，使我国航天事业呈现出高速发展的态势，取得了一系列佳绩：1975年，"长征二号"成功发射第一颗返回式遥感卫星；1980年，中国成功向南太平洋发射了远程运载火箭；1984年，"长征三号"发射中国地球静止轨道通信卫星并定点成功；1988年，"长征四号甲"发射第一颗气象卫星成功；1990年，"长征三号"成功将美国的"亚星一号"送入太空。

20世纪90年代，中国航天面临内外部剧烈变化。通过严格贯彻质量管理72条、28条，特别是"技术问题归零"与"质量问题归零"的"双五条"准则，中国航天改变了被动局面，保持了高可靠发射。"技术问题归零"的五条准则——"定位准确、机理清楚、问题复现、措施有效、举一反三"，在解决故障问题时程序和要求全面、合理，同时具备很强的工程实践性，已作为中国航天系统工程的重要成果被国际宇航界认可和采用，现在已成为国际标准（2015年，ISO 18238《航天质量问题归零管理》）。

发展航天事业，建设航天强国，是我们不懈追求的航天梦。进入21世纪以来，中国陆续开展载人航天工程、建立"北斗"导航系统，进行"空间站"建设，对月球"绕、落、回"三步探测，迈上探火、探星的征途，为世界航天事业突破技术瓶颈，为人类科学探索开拓新的疆域，为实现“和平利用外层空间，促进人类文明和社会进步，造福全人类”的目标作出重大贡献。这些工程的组织难度和复杂程度更高，对系统工程管理提出前所未有的要求，中国航天的系统工程管理也随之进入了创新发展的新阶段。

面向未来，中国航天系统工程将在实践中不断创新，加强新方法、新手段的应用，通过航天实践为系统工程理论的不断发展作出贡献。例如，随着以数字技术为代表的信息技术的飞速发展，特别是在基于模型的系统工程（MBSE）提出之后，以信息技术为支撑的模型化方法开始越来越多地应用到复杂的工程系统中。系

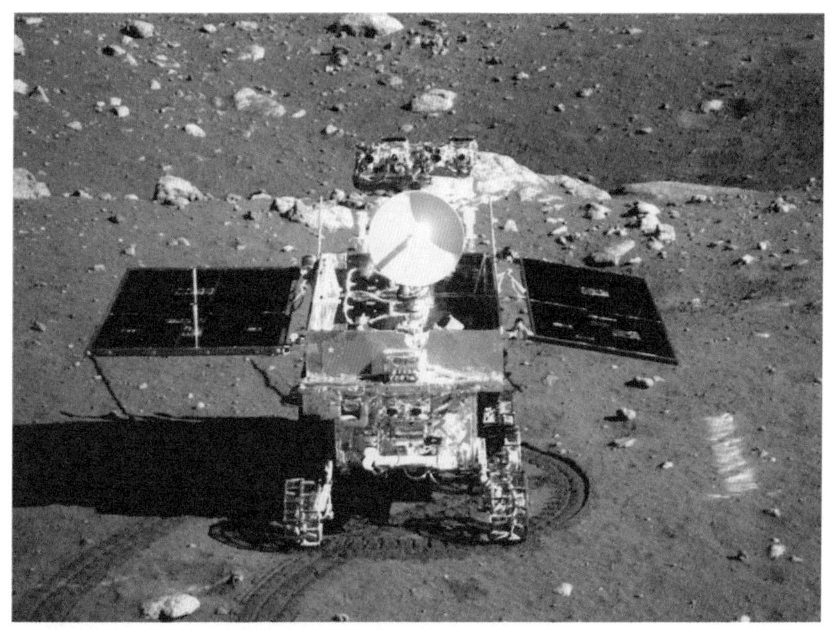

“嫦娥三号”着陆器所拍摄的“玉兔号”月球车

统工程正在进入以数字化为基础、以智能化为手段、以知识化为目的的模型驱动发展新阶段，大力推动了信息化与工业化的深度融合。

（三）航天实践凝聚系统工程管理精华

回顾中国航天系统工程管理走过的道路，可以总结出几点经验：

第一，一个总体设计部，两条指挥线。

两条指挥线或说“两总”系统，是中国航天在发展过程中形成的航天系统工程管理基本框架，分别指的是工程总指挥和工程总设计师，它们共同构成统一、协调的指挥体系。“两总”的工作主要围绕工程实施的总体方案、总体进度、工程质量和重大技术问题及时进行研究、协调和处理。对分系统进行自上而下的统一管理工程，有力地保证了研制建设工作的顺利展开。

第二，“四步走”发展路线。

中国航天在不断丰富型号产品的发展过程中，走出了一条既考虑宏观发展战略目标与规划，又着眼于具体型号产品发展的“四步走”发展路线。宏观发展战略目标与规划主要着眼于型号产品的长远发展以及新概念研究，同时通过“四步走”具体落实。

“四步走”具体就是：“探索一代”，开发一代全新产品，探索新的基础理论、采用新工艺、新技术、新原料、新设备，打开新的市场前景；“预研一代”，解决当前产品发展的新技术瓶颈问题；“研制一代”，着眼于满足当前用户需求的新产品；“生产一代”，将技术突破转化为产品，稳定产品状态并形成装备，交付用户使用。

“四步走”体现了认识论的实践、认识、再实践、再认识的过程，符合循序渐进、实事求是的科技发展规律。

第三，三条要津。

航天工程运行是流动的，航天工程管理需要把握动态属性。管理者需要及时掌握多方信息，为科学判断、正确决策奠定基础。中国航天在实践中总结了三条要津，即“过程跟踪”“节点控制”和“里程碑考核”。

过程跟踪，管理方法包括建立研制情况周报制度，进行专题汇报、不定期现场检查办公等，多种方式相结合，对工程建造的全部过程进行跟踪。

节点控制，相当于阶段考试。对每个分系统，在其完成时都要严格审查核定它的技术性能指标和质量情况，只有达标才能通过，未达标者要返工重考。航天工程质量管理就是依靠这些量变的积累达到质变的飞跃。

里程碑考核，指的是从前一状态向后一状态转阶段时进行的考核，考核的核心是向整个工程目标接近的程度。航天产品一般分为模样、初样、正样、发射四大阶段，每当转阶段时，都要组织专家组严格评审考核，不仅对出现的问题要查明原因，对解决问题的措施也要严格论证。例如“嫦娥一号”卫星、“长征三号甲”火箭出厂时，均通过了严格的出厂评审；火箭进入发射塔架在燃料加注前，也进行了火箭状态的评审。

在长期实践中，这三条要津已经融入到航天工作日程中，各项工作能够依靠各级主动、动态、规范的管理程序和有效的方法，做到最大限度地消除隐患。

二、钱学森开启中国系统工程序幕

在20多年的航天实践过程中，钱学森意识到这些实践经验的理论价值，欲将其上升到理论层面。一方面，他总结自身的工程实践经验；另一方面，联合许国志、王寿云等，广泛收集国内有关系统工程的成功实践个案，以及美国、日本、德国等国家的前沿理论。与此同时，他还从马克思、恩格斯、毛泽东等人的经典著述中寻找理论依据。

1978年3月18日至31日，全国科学大会在北京隆重召开。大会胜利闭幕后，受许国志的启发，钱学森深入研究了系统工程的产生背景、发展历史、研究对象、主要内容、学科性质和归属、指导理论、应用前提、社会意义、发展方向等问题，中国特色的系统工程思想逐渐形成。

1978年5月5日，在国防科委业务学习会上的报告中，钱学森提出“系统工程”和“系统工程学”两个概念，并提出系统工程应当研究的三个方面：过程研究的整体化、技术的综合化、管理的科学化。1978年6月5日，在成都省委军区的学习会上的报告中，钱学森比较系统地讲了系统工程的理论内涵、实践途径，包括现代科学技术体系、现代科学技术的组织管理、电子计算机革命、系统工程人才培养等。1978年6月20日，在昆明省委军区的学习会上的报告中，钱学森重申“要把组织管理变成科学、变成科学技术、变成一门工程技术”。1978年6月26日，在国防科学技术大学的报告中，钱学森专门提出国防科学技术大学要设立“系统工程系”，培养系统工程方面的专业人才。

在前期讲课和报告的基础上，经过多次交流修改，1978 年 9 月 27 日，钱学森和许国志、王寿云三人在《文汇报》发表《组织管理的技术——系统工程》一文。文章长达 1.15 万字，围绕如何实现"四个现代化"和建设成为社会主义强国的目标，提出运用"系统工程"思想及其方法论解决当时组织管理效率不高、社会生产力低下等现实问题。文章对系统工程的来历、作用、性质、构成要素以及运筹科学、支撑运筹科学运作的强有力运算手段——电子数字计算机等进行了整体性阐述。整篇文章理论精深，却并没有使用深奥的物理公式与数学公式进行表述，而是用生活语言进行论述。文章通过列举泥瓦匠造房、"曼哈顿计划"及"阿波罗载人登月计划"等事例，并结合具体的数字，对现代管理工程的庞大性与综合性进行了具体生动的概括和描述，将有关系统工程的知识阐述得层次井然又通俗易懂。

《组织管理的技术——系统工程》是一篇对系统工程进行全面阐述的，具有开创性、普及性意义的科学论文，是系统工程思想的奠基之作。文章明确指出，要在 20 世纪末将中国建成现代化强国，必须掌握合乎科学的先进的组织管理的方法。一方面，"我国虽然早已是社会主义国家，但意识落后于存在，小生产的经营思想还根深蒂固，我们不懂得用大生产的经济规律去组织生产，这就妨碍了生产力的发展。所以提高组织管理的水平必须在上层建筑进行必要的改革"；另一方面，"要使用一套组织管理的科学方法"，并指出"系统工程是组织管理'系统'的规划、研究、设计、制造、试验和使用的科学方法，是一种对所有'系统'都具有普遍意义的科学方法"。

文汇报

WENHUI BAO 1978年9月27日 星期三

大庆油田吸收一批优秀工程技术人员入党

认真落实党中央、国务院领导同志的重要批示

上海港打了一场安全质量翻身仗

生产连创历史最好水平，装卸速度快质量好，难堆整齐，得到各方好评

外贸方式灵活　贸易协定增多　技术交流活跃

我国对外贸易今年又有新发展

进出口总额都超过历史同期最高水平

组织管理的技术——系统工程

钱学森　许国志　王寿云

热烈庆祝华主席叶委员长为妇代会题词

市妇联召开大会传达贯彻全国妇代会精神

本市连日开展卫生突击活动

市区环境卫生面貌进一步改观

尼泊尔首相比斯塔来我国访问

《文汇报》1978年9月27日1版刊发钱学森和许国志、王寿云三人合作发表的《组织管理的技术——系统工程》一文。

文章所说“系统”，即由相互依赖和作用的若干组成部分结合成的具有特定功能的有机整体，而且这个“系统”本身又是它所从属的一个更大系统的组成部分。例如，导弹武器系统是现代最复杂的工程系统之一，研制这样一种复杂系统所面临的基本问题是：怎样把比较笼统的初始研制要求，逐步地细分为成千上万个参加者的具体工作，以及怎样再把这些工作最终综合成一个技术上合理、经济上合算、研制周期短、能协调运转的实际系统，并使这个系统成为它所从属的更大系统的有效组成部分。这样复杂的总体协调任务不可能靠一个人来完成，而是需要一个专家集体进行协调指挥。具体例子就是钱学森曾经在导弹研制部门组织指挥过的总体部，实践证明了它的有效性，也证明了系统工程理论的科学有效性。

20 世纪 70 年代后期到 80 年代，钱学森将总体设计部经验推广到军队装备建设工作中。1979 年 7 月下旬，钱学森在中国人民解放军总部机关领导学习班上讲课时提出，军队“必须要建立一个高度集中的领导机构，利用系统工程的原理和方法，设计出一个全面统一的整体规划，全面地制定标准化与通用化计划，才能真正实现高度集中的自动化”。

钱学森强调，军队要建立必要的军事系统工程工作队伍，“这又包括两个方面，一是在有关的部门配备军事系统工程的专业人员，如从总参谋部到各级司令部都要有专业人员，从总后勤部到各级后勤部也要有后勤系统工程的专业人员。他们都是用军事系统工程的专业技术来加强参谋和后勤业务的，他们要与本部门的其他人员密切协同配合，共同完成上级交给的任务。再一个方面是在军队设置研究和运用军事系统工程以及发展各种军事系统工程理论的专门单位。例如，在军事科学院、在各军兵种都应该有军事系统工程的研究单位；各兵种的单位除研究战术外，还要对新武器的研制提出论证和战术技术要求。”在钱学森的积极倡议和不断推动下，中国人民解放军总部、海军、陆军、空军等建制中陆续地建立起“系统所”“综合所”“运筹所”和“总体论证所”等新型研究机构，对解放军武器装备与部队建设发挥了重要作用。

总体设计部的运作需要五个必备要素：各方各业的专家、文献资料信息、巨型电子计算机、统计数据信息、系统理论和知识工程。钱学森指出：以上五个要素，核心还是人，即专家集体。

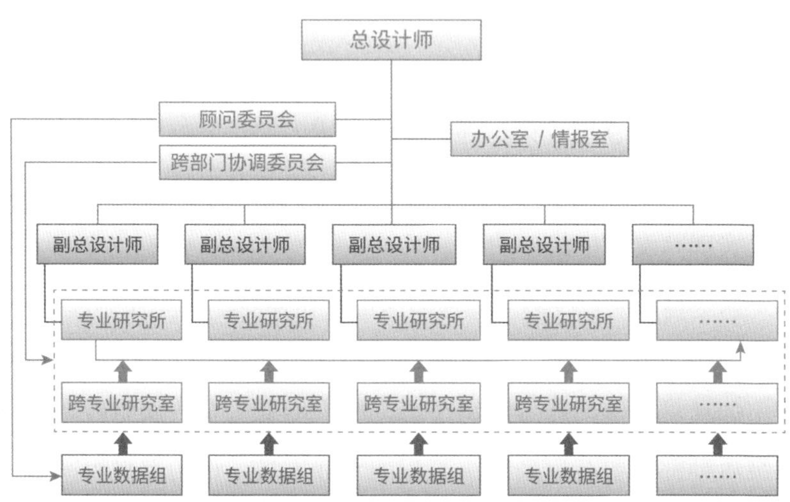

总体设计部组织架构图

只有这个集体的精神处于高度激发状态，才能使总体设计部高效运转。只有把各个专家提供的“零金碎玉”集中起来才能创造出成果。

从组织结构体系来看，总体设计部作为总体分析、总体设计、总体协调、总体规划的系统中枢机构，是集系统设计、统一领导、协同创新、咨询服务、科学决策五大功能于一体的实体机构。其一般组织架构主要包括两个部分：一是机构设置，包括分工以及独立办事机构的设置；二是成员管理，包括领导层、委员会层、研究层、数据层四个层次。依据总体设计部的职能和特征，机构设置七个具体内容，包括总体设计师、顾问委员会、协调委员会、情报室 / 办公室、副总设计师、研究所、数据组。总体设计部在实践操作中遵循的运行程序是：跨专业、跨领域人才协作，提供多种论证方案，进行分类融合，时间模拟，集中决策。

三、钱学森掀起中国系统工程浪潮

《组织管理的技术——系统工程》一文不但对系统工程的发展和系统科学的建立具有里程碑的意义，而且对中国社会主义经济建设、科学技术的创新，以及对中国政治体制改革都有重要影响。《组织管理的技术——系统工程》的发表在全国引发了巨大的震动。中国掀起了系统工程研究与实践的热潮，系统工程被推广应用到国家更高层面和更多领域，并伴随着改革开放的步伐，为我国经济建设、国防建设、社会主义现代化建设发挥了无法估量的作用。

追随钱学森数十年的原航天 710 所研究员于景元回忆：“那

时国外已有系统工程学说，但学界各执一词、莫衷一是；而国内，这个概念还没出现。钱学森的文章使系统工程登上了学术舞台，并且应用于中国建设发展实践。”

中国科学院院士戴汝为曾忆及彼时场景，“连中午在食堂里排队买饭菜，大家都在讨论系统工程这个当时全新的话题。”

中国工程院院士王众托回忆说：“这篇文章对系统工程的使命、这个学科的内容、学科的目标以及学科怎么开展甚至包括人才应该怎样培养，都说得很细致。有了这样一篇文章指导，再往更深入和更开阔的领域去做系统工程就有了依靠，因为我们以前认为系统工程是控制的延伸，这之后就开始考虑它在社会、经济、文化等方面的发展。”

当时，不少人通过书信形式向钱学森请教、交流，引起了强烈反响，尤其是使科学、技术、工程、生产等领域科研人员对此产生强烈共鸣，系统工程开始在中国快速发展。

同时，这篇文章也产生了广泛而深远的学术影响，系统工程思想衍生出了一系列分支学科，如航天系统工程、军事系统工程、农业系统工程、社会系统工程、教育系统工程、环境系统工程、法治系统工程等，揭开了系统工程在中国发展的新篇章。

《组织管理的技术——系统工程》一文的公开发表，是系统工程首次作为一种科学理论被提出来，标志着系统工程中国学派的诞生。系统科学理论成为不可或缺的社会管理理论依据与方法论基础，也吹响了系统工程从航天领域走向我国社会主义建设各领域的号角，决定了在中国发展系统工程的基本方向与格局。

总的来说，这篇文章对于中国系统工程的理论和实践具有三大开创性意义：

一是第一次实现了“两弹一星”等重大科技工程组织管理方法的理论化。在系统观的指导下，钱学森创造性地将我国航天工程的组织管理方法、国外大企业的经营管理技术以及运筹学相结合，开创了一套既有普遍科学意义、又有中国特色的系统工程管理方法与技术。这是中国独立自主的一项伟大的创新。

二是第一次在国内较为明确地定义了“系统工程”，实现了系统工程理论的中国化。文章将国外称为运筹学、管理科学、系统分析、系统研究以及费用效果分析的工程实践内容，均统一归入系统工程。钱学森提出的系统工程与国外“系统工程”的含义（指建造和管理人造系统的方法）有很大区别，扩大了“系统工程”的内涵。运筹学和系统工程知名专家顾基发认为：钱老永远是向人家学习，但不拘泥于向人家学习，而且要想办法倡导更新的东西。中国在搞系统工程的时候，对事理很在意。这个事理里面包括运筹学、系统工程、管理科学等，这样一种事理思想就有“中国味道”。

三是第一次让“系统工程”正式登上了中国学术界的舞台，推动了系统工程在中国的普及化。钱学森指出，系统工程的重点在于应用，在不同的领域还需要辅以相应的专业基础。系统工程是一个总类名称，根据不同体系的性质，还可以再细分：如将工程体系的系统工程（像复杂武器体系的系统工程）称为工程系统工程，企业体系的系统工程称为经济系统工程等。系统工程在国家社会经济各个领域均有广阔的应用前景。

随着这篇文章的发表，全国掀起了学习研究、推广应用系统工程的热潮，运筹学、控制论、信息论等一批系统工程方法得到普及应用并取得显著效果。但同时，对社会系统工程来说，现有的理论方法已无法满足需要，这就对发展新的方法和方法论提出了要求。

钱学森以系统工程思想为基础，后期逐步提出和形成了“开放的复杂巨系统”“从定性到定量的综合集成方法”“总体设计部”等观点，并逐步构建起以马克思主义哲学为核心指导地位的“现代科学技术体系”。社会系统工程有了可靠的科学基础，系统工程的发展也进入了复杂系统工程新阶段。

第二节

星火燎原：从工程系统到社会系统

总的来说，社会工程是从系统工程发展起来的，所以在《系统工程》一文中讲的内容和工具以及理论基础也都对社会工程适用。但社会工程的对象既然是整个社会、整个国家，社会科学对社会工程就更加重要，更要依靠政治经济学、部门经济学、专门经济学和技术经济学。社会工程工作者也要很好掌握现代科学发展的规律，促使其高速度发展来创造强大的推动力。

——摘自钱学森、乌家培
《组织管理社会主义建设的技术——社会工程》

一、系统学讨论班及其辐射效应

“经世致用”是中国的学术传统，钱学森创立系统学也是为了给宏观决策以科学支持，实现决策科学化。1984 年底，钱学森看到了马宾、于景元等“关于财政补贴、价格、工资的综合研究”

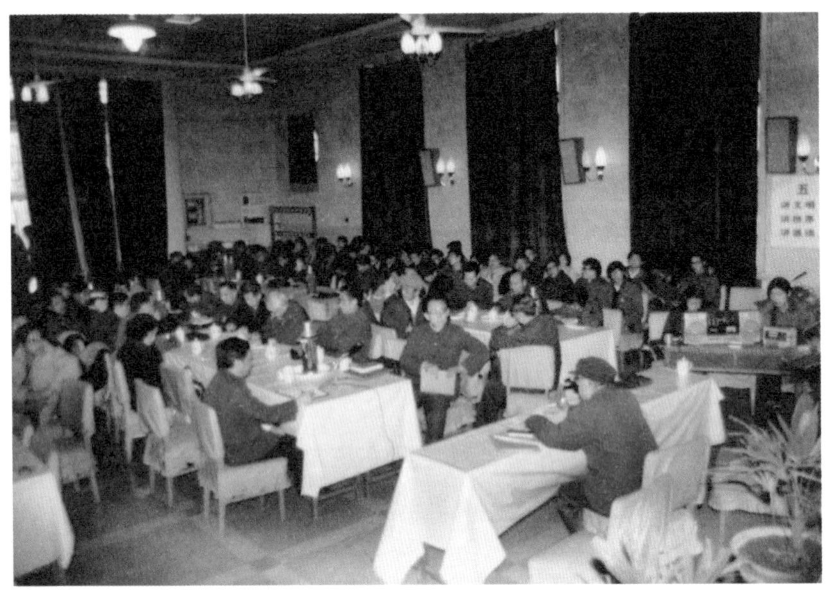

钱学森在系统学讨论班上进行了长达 7 年半的授课（主席台讲话者为钱学森）。

的成果，非常重视，并对研究成果进行了理论与方法上的提炼及概括。在 1985 年 1 月的一次会议期间，钱学森与经济学家薛暮桥就自然科学与社会科学结合进行谈话，认为这份研究成果所总结出的经验，有助于制定国民经济宏观决策，是自然科学运用于经济方面的一个比较成功的实例。

在钱学森的倡导下，自 1986 年 1 月 7 日开始，航天工业部 710 所（钱学森智库前身之一）联合国防科工委系统工程研究所、中国科学院自动化所、北京师范大学等单位共同举办系统学讨论班，将科学方法与人的经验和智慧相结合，由参加人员讨论如何运用系统科学方法和定性与定量结合的系统技术解决问题。

1986年4月21日，钱学森在人体科学讨论班上谈到了“决策”科学。其后，钱学森基于710所的社会经济系统工程实践，初步提炼出定性与定量相结合的方法。同年7月27日，在全国软科学研究工作座谈会上，他提出了软科学工作程序是定性方法与定量方法相结合的：通过信息、情报资料摸清情况；建立收集专家经验和判断的渠道；定量、建立模型，在搜集资料以后请专家讨论、提意见；根据专家的意见来建立模型，通过计算机辅助计算，将得出的结果由专家来评审，反复进行。这个过程，就是理论与实践相结合、定性与定量相结合的过程。

1987年8月11日，钱学森在《关于科学决策问题》的讲话中，

钱学森和航天工业部710所副所长于景元在系统学讨论班上交流。

把 710 所创建的方法提炼、概括为“定性与定量相结合的系统工程方法”，指出这一决策方法是真正科学的，是决策的民主化和科学化。1988 年 4 月 30 日，钱学森在致匡调元的信中，明确地把“定性与定量相结合的方法”当作处理复杂巨系统的方法，7 月 4 日致于景元的信也提到处理复杂巨系统和社会系统要用“定性与定量相结合的方法”。

经过几年的持续探索以及系统学讨论班的不断研讨，从定性到定量综合集成研讨法的方向逐渐明确。在 1988 年 11 月 1 日系统学讨论班上的讲话中，钱学森进一步明确了“复杂巨系统”的概念，而且指出：对于社会系统，发展了一种方法，叫作“定性定量相结合的综合集成法”，这是中国人的一种创造、创新。不久后，他再次在系统学讨论班明确了定性、定量相结合的优势：从传统的单个人思考问题，变成集体智慧的集中，把定性、定量两者结合起来，互相促进，去找一个合适的框架。

1988 年 12 月 27 日，钱学森在系统学讨论班上指出：所谓“定性与定量相结合的综合集成法”，虽然还没有成熟的理论，但是能解决问题。借用一个英文词 Meta-analysis，它是更高一个层次的分析研究。今天我们不但有了“复杂巨系统”这么一个概念，而且有处理这种问题的可行办法。

到 1989 年四五月份，钱学森通过系统学讨论班的讲话、通信，不断充实、丰富了定性与定量相结合的综合集成法。在 1990 年《自然杂志》第 1 期上，钱学森和于景元、戴汝为合作发表了文章《一个科学新领域——开放的复杂巨系统及其方法论》，第一次完整、系统地阐述了开放的复杂巨系统和定性与定量相结合的综合集成法。

从 1988 年 11 月到 1990 年 5 月，钱学森将定性与定量相结合的综合集成法提炼上升至方法论的高度。

钱学森始终在探索综合集成法在社会这样一个开放的复杂巨系统中的应用。钱学森指出，社会系统因为有人的参与，是一个复杂系统，它需要用综合集成的方法去解决。凡涉及复杂系统的决策，都需要借助强有力的实体——总体设计部，来实现决策的科学化和民主化。他在《论系统工程》一书中说："这个实体要吸收多方面的专家参加，把自然科学家、工程师和社会科学家结合起来，收集资料，调查研究，进行测算，反复论证，使各种单项的发展战略协调起来，提出总体设计方案，供领导决策。"

为此，钱学森在运用系统工程方法综合分析中国社会主义建设的系统结构的基础上，曾多次建议设置国家总体设计部。1989 年 10 月，他建言设置以下五个国家级总体设计部：①中国共产党中央委员会直属的社会主义建设的总体设计部，这个总体设计部要提出政治、经济、文化、国防总体规划和计划的纲领。②全国人民代表大会常务委员会直属的社会主义建设的总体设计部，这个总体设计部要提出中国社会主义建设，特别是社会主义物质文明建设的中期及长期规划。③国务院直属的社会主义建设的总体设计部。这个总体设计部要根据国家中长期规划，提出国家社会主义建设的五年规划及年度计划，包括在执行过程中进行必要的调整。④国家社会主义精神文明建设的总体设计部。这个总体设计部包括思想建设和文化建设。⑤国际关系和策略的总体设计部。这个总体设计部包括外交、外贸、国际科技和文化交往等。

凡属确立重大任务、统筹规划、整合资源、优化决策的，都应当由总体设计部充分论证，提出方案。作为系统最高决策者的助手，总体设计部既是战略谋划部，又是预测部和预警部，还是系统工程实施的筹划部。

二、从定性到定量的综合集成方法

钱学森以通俗易懂而又科学严谨的语言讲解了用于解决开放的复杂巨系统问题的方法——从定性到定量的综合集成方法（Meta-Synthesis，MS），反映从专家意见到计算机计算的过程。

从定性到定量的综合集成方法，要经过四个步骤：

一是经验性假设的生成。在科学理论与经验知识的基础上结合专家判断的这些经验性假设，通常难以由定量描述进行证明，而是由定性描述来进行。此时在计算机技术的辅助下，通过大量经验性数据资料与模型来检测经验性假设的确定性。

二是参数模型建立。基于各种统计数据和信息资料，在既有经验和对系统的理解基础上构建参数模型，模型的参数数量在千百级，并对模型进行真实性检验。

三是仿真和定量计算。利用计算机进行模型的仿真和定量计算，获得定量结果。

四是反复逼近得出结论。由专家对定量结果进行分析、综合和判断，通过反复人机交互，逐次对比逼近，形成最终的结论和建议。

从定性到定量的综合集成方法将智能系统、专家系统和数据资料系统进行了集成，其本质是有机结合了专家群体的人的智慧、信息资料与统计数据和计算机系统，从而成为一个整体的交互体

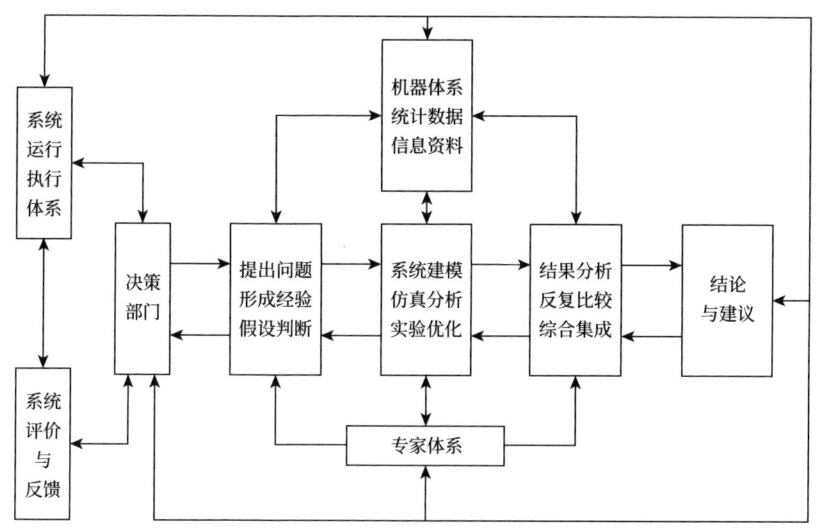

从定性到定量的综合集成方法工作程序

系。这个体系以人为主，人机结合、人网结合，呈现高度智能化特点。其工作程序如下图所示。

一个典型的案例是航天工业部系统工程中心的咨询实践。钱学森在一次学术座谈会中讲到，“航天工业部的系统工程中心，在过去几年中，他们给国家做过一些咨询工作，如关于粮油倒挂这个问题，他们作出了一个很具体的分析后给国家提出了建议，这个建议得到国务院的赞赏。”

对于如何做这项工作，钱学森也作了详细说明。

“第一条，系统工程的这些科学方法、模型都是定量的方法，但是在国家这些复杂的经济问题面前，怎么才算是建立了正确代表客观实际的模型？在系统工程中，电子计算机里要建立一个模型，就是事物之间关系的模型，这个模型怎么建才能反映事物之间深深固有的关系？这要靠经验和学问，这叫定性的分析，所以这个中心的成功就在于他们认识到了这个问题，就是光靠电子计算机专家、系统工程理论专家是不行的，还要有真正的有经验的经济学家来参加，他们把这一条叫定性、定量相结合。我觉得这样一个看法是符合辩证唯物主义的。

“第二条，就是三个方面的力量要协同。哪三个方面呢？定量的方面就是系统计算、系统科学、电子计算机这方面的专家，这是一方面；然后就是要有经验、有知识的经济学方面的专家；第三个方面，数据、资料、情报。他们工作做得有成绩，就在于他们把这三个方面的力量结合起来了。他们利用这些经验对国务院所给的一些咨询课题已经作出了成绩。”

在“定性定量是一个辩证过程”“关于将知识工程引入系统学的问题”以及“关于观念和方法问题”三篇讲话中，钱学森明确了从定性到定量的综合集成方法的三条核心观点：

第一，定性定量是辩证统一的。从定性到定量，定量又上升到更高层次的定性。

第二，把人工智能、知识工程引进综合集成方法。

第三，同民主集中制、社会思维联系起来。定性定量相结合的综合集成方法的真正核心问题是建模过程要靠人的智慧，而不是把整个过程的工作全部交给机器。既民主又集中，把人的智慧提炼出来，使民主集中制得以真正实现。从学术上讲，本质上是科学和经验的结合，实际上是思维科学里面的社会思维学，可以用定性与定量相结合的综合集成方法去探索集体思维、社会思维。

20 世纪 80 年代末到 90 年代初，结合现代信息技术的发展，钱学森又先后提出“从定性到定量的综合集成方法”及其实践形式“从定性到定量的综合集成研讨厅体系”，并将运用这套方法的集体称为总体设计部。这个总体设计部与航天型号的总体设计部比较起来已有很大的不同，实现了实质性的发展，但和从整体上研究与解决系统管理问题的系统科学思想还是一致的。总体设计部是运用综合集成方法、应用系统工程技术的实体部门，是实现综合集成工程的核心所在。

三、从方法论创新到智慧涌现

从定性到定量的综合集成方法，是解决实践中复杂性问题的方法论，是钱学森基于现代科学技术最新发展和国内外成功实践经验，根据系统科学体系并结合以计算机为核心的高新技术成就而总结提出来的。

哲学、科学知识、经验知识构成了人类的整个知识体系。钱学森按照马克思主义哲学思想，总结并提出了现代科学技术体系的矩阵式结构；在这个体系之外，还有人类通过实践积累的大量感性知识、经验知识。在科学发展史上，根据研究方法的差异，将那些以定量研究作为主要方法的科学领域称为“精密科学”，相对应的，研究方法以思辨和定性描述为主的则为“描述科学”。社会科学是以社会现象为研究对象的，由于社会现象的复杂性，其定量描述很困难。计量经济学出现后，有人对此类现象进行了定量的研究。但同时要考虑的是，当人们寻求用定量方法处理复杂行为系统时，容易关注数学模型的逻辑处理，而忽视数学模型微妙的经验含义或解释，从而脱离真实。解决这一困境的关键在于方法论的革新。社会实践在科学技术层次上提出了方法论的需要，这也是实践发展到一定水平所必然出现的现象。

在现代科学技术的发展呈现出高度分化又高度综合的明显趋势下，除却发展理论的需求，实践对决策也提出了更高要求。

每一个决策关乎与之关联的各个部分，每一次的实践也是规划能否按照既定方向持续推动直至落实的具体行动。实践问题一开始就具有综合性、系统性和动态性的特点，它不容许人们孤立地和静止地处理，特别是一些复杂的实践问题更是如此。现代社会实践越来越复杂，综合性越来越强，通常不是一门学科甚至也不是一个科学技术部门的知识所能解决的，而应该在人类整个知识体系的帮助下去处理。从前期科学论证、过程中的组织管理和协调以及评估和总结等，都需要依据现有的知识体系，而不能只靠经验来保证实践的科学性和有效性。并且这整个过程中，还有可能会遇到在现有经验中尚未认识到的新问题。

综上所述，在发展理论及解决复杂实践问题的层面，都需要多层次、多领域、多类型的知识，这些知识与智慧是人类知识体系所蕴藏着的宝贵资源。认识世界是为了更好地改造世界，综合集成这些知识、智慧，涌现出新的知识和智慧，有助于我们提高认识世界的水平，并增强我们改造世界的能力。

第三节
思想之焰：从科学大师到思想巨擘

一个人本身就是一个复杂巨系统，现在又以这种大量的复杂巨系统为子系统而组成一个巨系统——社会。人要认识客观世界，不单靠实践，而且要用人类过去创造出来的精神财富，知识的掌握与利用是个十分突出的问题。

——摘自钱学森、于景元、戴汝为
《一个科学新领域——开放的复杂巨系统及其方法论》

一、从简单系统到复杂系统

开放的复杂巨系统作为钱学森系统科学思想发展的重要成果，对于思维科学与复杂性问题研究都非常重要。这个概念的形成本身就是创新，是钱学森学术生涯中第三次里程碑性质的研究成果。

系统在自然界和人类社会中是普遍存在的，比如人体、家庭、企业、国家、太阳系，都是一个系统。根据组成系统的子系统以及子系统种类的多少和它们之间关系的复杂程度，可把系统分为简单系统和巨系统两大类。

20 世纪 60 年代，钱学森首次提出“大系统”的概念。1979 年，钱学森在与乌家培共同完成的《组织管理社会主义建设的技术——社会工程》一文中，提出社会工程的“范围和复杂程度是一般系统工程所没有的。这不只是大系统，而是‘巨系统’，是包括整个社会的系统”。从 1987 年 2 月起，钱学森又提出“复杂巨系统”的概念。这些都是“开放的复杂巨系统”的雏形。

历经三次不断提升的认知，通过对“复杂性”研究的讨论，钱学森对于社会系统、地理系统等复杂巨系统具有“开放”性质的思考进入了更高的层次。他在致沙莲香的信件说：“我们针对于社会进行过研究讨论，认为其具有特殊性、开放性，是一个复杂的巨系统，该系统由人的意识构建成，具有复杂的条件反射行为。”

二、开放的复杂巨系统的内涵

1989 年，钱学森在《哲学研究》第 10 期上发表《基础科学研究应该接受马克思主义哲学的指导》一文，其中第三节“开放的复杂巨系统的研究与方法论”，提出将开放的复杂巨系统作为宏观层次基础科学的重要研究方向，将它看作系统科学衍生而来的一个大领域，进而对其内容与研究方法提出基本论述。这标志着“开放的复杂巨系统”这个概念的形成。

1989 年冬，钱学森在系统学讨论班的一次活动中明确地说：“关于开放的复杂巨系统这个概念，经过系统学讨论班几年的研究讨论并逐步深化，现在我们对开放的复杂巨系统已经有了比较清楚的概念。我们能够及时抓住这个概念，非常重要。最近，我、于景元、戴汝为三人写了篇文章，题目叫《一个科学新领域》，准备在明年《自然杂志》第一期上发表。实际上我们是在开创一门新的科学。新在什么地方呢？新就新在我们提炼出了开放的复杂巨系统这样一个概念。”

1990 年《自然杂志》第一期发表了钱学森等人的《一个科学新领域——开放的复杂巨系统及其方法论》一文，这篇论文全面系统阐述了开放的复杂巨系统的概念及其研究的方法论。文章首先讲述了系统的分类，提炼出开放的复杂巨系统概念的内涵与外延，分析了开放的复杂巨系统的研究方法，明确了开放的复杂巨系统研究的重大现实意义。这标志着钱学森真正从一个工程技术大师走向了思想家的高度。

钱学森对“简单化的开放性巨系统”与“复杂化的开放性巨系统”予以明确区分。他提出，可以利用协同学理论和耗散结构对开放的简单巨系统展开分析，而对于“开放的复杂巨系统”，目前还缺少相应的理论研究方法，需要利用定性与定量相结合的综合集成方法进行处理分析。此后，他对开放的复杂巨系统理论作了进一步丰富和完善。1990 年 10 月 16 日，钱学森在系统学讨论班上又发表了“再谈开放的复杂巨系统”的重要讲话，对开放的复杂巨系统概念的内涵与外延进行了扩充，使之完善，强调开展开放的复杂巨系统理论研究的指导思想、方法以及需要思维科学相结合等重要问题。

一个科学新领域
——开放的复杂巨系统及其方法论

钱学森 (国防科学技术工业委员会)
于景元 (航空航天工业部710所)
戴汝为 (中国科学院自动化研究所)

近二十年来，从具体应用的系统工程开始，逐步发展成为一门新的现代科学技术大部门——系统科学，其理论和应用研究，都已取得了巨大进展[1]. 特别是最近几年，在系统科学中涌现出了一个很大的新领域，这就是最先由马宾同志发起的开放的复杂巨系统的研究. 开放的复杂巨系统存在于自然界、人自身以及人类社会，只不过以前人们没有能从这样的观点去认识并研究这类问题. 本文的目的就是专门讨论这一类系统及其方法论.

一、系统的分类

系统科学以系统为研究对象，而系统在自然界和人类社会中是普遍存在的. 如太阳系是一个系统，人体是一个系统，一个家庭是一个系统，一个工厂企业是一个系统，一个国家也是一个系统，等等. 客观世界存在着各种各样的具体系统. 为了研究上的方便，按着不同的原则可将系统划分为各种不同的类型. 例如，按着系统的形成和功能是否有人参与，可划分为自然系统和人造系统；太阳系就是自然系统，而工厂企业是人造系统. 如果按系统与其环境是否有物质、能量和信息的交换，可将系统划分为开放系统和封闭系统；当然，真正的封闭系统在客观世界中是不存在的，只是为了研究上的方便，有时把一个实际具体系统近似地看成封闭系统. 如果按系统状态是否随着时间的变化而变化，可将系统划分为动态系统和静态系统；同样，真正的静态系统在客观世界中也是不存在的，只是一种近似描述. 如果按系统物理属性的不同，又可将系统划分为物理系统、生物系统、生态环境系统等. 按系统中是否包含生命因素，又有生命系统和非生命系统之分. 等等.

以上系统的分类虽然比较直观，但着眼点过份地放在系统的具体内涵，反而失去系统的本质，而这一点在系统科学研究中又是非常重要的. 为此，在[2]中提出了以下分类方法.

根据组成系统的子系统以及子系统种类的多少和它们之间关联关系的复杂程度，可把系统分为简单系统和巨系统两大类. 简单系统是指组成系统的子系统数量比较少，它们之间关系自然比较单纯. 某些非生命系统，如一台测量仪器，这就是小系统. 如果子系统数量相对较多(如几十、上百)，如一个工厂，则可称作大系统. 不管是小系统还是大系统，研究这类简单系统都可从子系统相互之间的作用出发，直接综合成全系统的运动功能. 这可以说是直接的做法，没有什么曲折，顶多在处理大系统时，要借助于大型计算机，或巨型计算机.

若子系统数量非常大(如成千上万、上百亿、万亿)，则称作巨系统. 若巨系统中子系统种类不太多(几种、几十种)，且它们之间关联关系又比较简单，就称作简单巨系统，如激光系统. 研究处理这类系统当然不能用研究简单小系统和大系统的办法，就连用巨型计算机也不够了，将来也不会有足够大容量的计算机来满足这种研究方式. 直接综合的方法不成，人们就想到本世纪初统计力学的巨大成就，把亿万个分子组成的巨系统的功能略去细节，用统计

1990年《自然杂志》第1期刊登了钱学森和于景元、戴汝为合作发表的文章《一个科学新领域——开放的复杂巨系统及其方法论》

根据系统的分类方法，钱学森提出“如果子系统种类很多并有层次结构，它们之间关联关系又很复杂，这就是复杂巨系统；如果这个系统又是开放的，就称作开放的复杂巨系统”。

开放的复杂巨系统具有以下属性：系统本身与系统周围的环境有物质、能量和信息的交换，由于这些交换，所以是开放的；系统所包含的子系统很多，成千上万，甚至上亿万，所以是巨系统；子系统的种类繁多，有几十、上百，甚至几百种，所以是复杂的；开放的复杂巨系统有许多层次，从可观测整体系统到子系统，层次很多，中间的层次又不认识，甚至连有几个层次也不清楚。

开放的复杂巨系统及其方法论的确立作为钱学森系统学研究的核心内容，也是钱学森学术活动的研究重心。作为一种新的科学观和发展观，它不仅是对辩证唯物主义这一科学世界观的补充与发展，也指导我们对于各种复杂情况作更清楚、更准确的了解，进而在解决各种复杂性问题的实践过程中，能够准确把握事物的本质及其发展变化的规律。

三、中国系统科学影响世界

钱学森指出：“单一的零散改革是不行的，改革需要总体分析、总体设计、总体协调、总体规划，这就是社会系统工程对我国改革和开放的重大现实意义。”他从开放的复杂巨系统思想理论的角度，明确指出社会系统是一个特殊复杂的开放巨系统。以这一科学理论为起点，他对我国社会主义建设的系统结构开展深入研究，将我国社会主义建设从总体上概括成四大领域、九个方面的问题：社会主义政治文明建设，包括民主建设、体制建设和法制建设；

社会主义物质文明建设，包括经济建设和人民体质建设；社会主义精神文明建设，包括思想建设和文化建设；社会主义地理建设，包括环境保护、生态建设和基础设施建设。

他根据这一结论，结合马克思主义理论，提出我国社会主义现代化建设和改革开放都需要以经济建设为中心，同时必须协调各个方面的工作，推动各个方面相互配合、共同促进，才能获得更高的工作效率并取得成功。钱学森创造性地运用开放的复杂巨系统理论和从定性到定量的综合集成方法解决社会主义现代化建设的问题，为我国社会主义现代化建设与发展提供了强有力的理论支撑和实践方法。

通过认识的不断发展，钱学森把开放的复杂巨系统理论推广到其他领域中，在社会各领域都实现了广泛应用，为实现马克思提出的自然科学把关于人类的科学总括在自己下面的预言，找到了科学合理的实现路径和方法，具有极为重要且深远的意义。正如钱学森所说，“有了开放复杂化巨系统理念框架并深入研究此理念，将有效地结合不同学科间的理论，使其协同发展，并为该理论联系各学科创造出了新的模式。”

开放的复杂巨系统思想理论及其方法论的创立，体现了科学发展的一般规律，这一思想的形成和有关理论的建立是以钱学森为代表的中国科学家对人类作出的巨大贡献，在系统科学领域、思维科学领域以及哲学领域，都体现了突出的价值，具有极其重要的意义。

在这一思想理论的形成过程中，钱学森的贡献是独特的。正是在这个意义上，可以说钱学森是中国系统科学当之无愧的导师，系统研究大军的核心，是中国系统科学界迄今为止真正有世界影响的唯一科学家。在这一过程中，钱学森完成了从科学大师到思想巨擘的飞跃。

第四节

系统论：实现还原论与整体论的辩证统一

钱老提出了系统论。系统论既不是还原论，也不是整体论，而是把整体论和还原论统一起来。还原论是着眼于局部，整体论着眼于整体。要把这辩证统一起来，既着眼于局部，又着眼于整体。还原论只往下走，研究局部，其他不管。整体论只管整体，又不往下走。这样，钱老把它们辩证统一起来的时候，一下子制高点就上来了。它既有还原论的优势，又有整体论的优势，并且把它们辩证统一起来。这是钱学森一个最大的贡献，这个贡献不仅仅影响到自然科学，还影响到社会科学，但目前在中国科学界还未认识到。复杂性科学到现在，在方法论上还有局限性，还没提出合理的方法论。随着科学技术的发展，这个作用越来越大，我想这是系统科学的一个特点。

——摘自《口述钱学森工程第8期：于景元专访》

从 20 世纪中叶开始，研究对象为“ 系统”的新概念、思想和方法开始活跃并逐渐兴盛，比如整体论与还原论的辩证思想、控制论和运筹学的提出等等，并从中诞生出一种新的科学——系统科学。

“系统科学是什么”？学界有不同见解，但普遍认为系统科学是一种包含系统论、系统方法论和系统工程学的综合科学。系统科学体系是钱学森晚年的重要创新成果。经过多年的工程实践和学术研究，从早年《工程控制论》的出版，到 1978 年《组织管理的技术——系统工程》一文发表，再到系统论的提出，钱学森与众多科学家一起，通过探索建立了系统科学的完备体系，奠定了系统科学繁荣发展的基础，也为后继者们的前进道路指引了方向。

一、系统科学体系三大发展阶段

早在 20 世纪前半叶，钱学森就结合在美国研究导弹火箭的实践经验，出版了广为流传的专著《工程控制论》，其中提到的“用不完全可靠的元件能够组成高可靠的系统”，被视为钱学森的系统科学构想萌芽，这一时期也被认为是系统科学领域发展的第一阶段。

20 世纪后半叶，钱学森回到祖国的怀抱，投身于振兴中国航天的事业当中，在近 30 年的岁月中，对国外定量化系统方法的应用进行了全面梳理，结合在工程中的实践经验，经过提炼和总结，创造性地提出了一套具有中国特色的系统学理论、系统工程管理方法和技术。包括“总体协调、系统优化”的最佳原则，也包括“一个总体部、两条指挥线、科学技术委员会制”的管理模式。

这套理论和方法在中国航天领域经过了长期的验证，不仅证明了其科学性和有效性，还提供了一个可供参考的绝佳范例。“系统工程”这一词语虽然是西方首创，但钱学森结合了我国航天工程实践赋予其严谨的内涵，创建了系统工程理论，促进了系统科学思想的进一步发展，标志着系统科学领域进入发展的第二阶段。

在钱学森等人的大力宣传和推广下，系统工程理论开始应用到社会上其他领域。在这个过程中，钱学森敏锐地发现社会上面临的对象复杂程度远远超出的当时的系统工程理论所能解决的范畴，当时的方法具有一定的局限性，系统科学仍需要拓宽理论边界，通过探索完善自身。

20 世纪 80 年代，钱学森以“系统学讨论班”的方式开始了创建系统学的工作。从 1986 年到 1992 年的 7 年多时间里，钱学森参加了讨论班的全部学术活动。在系统学讨论班上，钱学森首先提出了系统新的分类，将系统分为简单系统、简单巨系统、复杂巨系统和特殊复杂巨系统。对于简单系统和简单巨系统已有了相应的方法论和方法，但复杂巨系统和社会系统却不是已有方法论和方法所能处理的，需要有新的方法论和方法。通过与前沿学者、专家的长期思想碰撞，研究和探索系统科学体系结构，这是系统科学理论逐渐丰满的第三阶段。

二、系统科学理论的创新性贡献

钱学森对系统科学理论的创新性贡献主要体现在三点：

其一，提出“开放的复杂巨系统”概念。该概念认为客观世界分为简单系统、简单巨系统和复杂巨系统，每个相应的系统必须遵循相应的方法论对问题研究分析，才能取得真正的结果。简单系统对应还原论，简单巨系统对应自组织理论的科学方法，但对于复杂系统使用两者都不行。

其二，提出“系统论”思想，该思想实现了还原论与整体论思想的有机结合、辩证统一。具体来讲，系统论强调从系统整体出发将系统进行分解，在分解后研究的基础上，再综合集成到系统整体，实现系统的整体涌现，最终从整体上研究和解决问题。

其三，提出了“从定性到定量的综合集成方法”及其实践形式“从定性到定量的综合集成研讨厅体系”，并将运用这套方法的集体称为总体设计部，形成了一套可以操作且行之有效的方法体系和实践方式，即“人机结合、人网结合、以人为主”的信息、知识和智慧的综合集成技术。

三、钱学森系统论的辩证统一性

系统是系统科学研究和应用的基本对象，是由一些相互关联、相互作用、相互影响的组织部分构成的具有某些功能的整体。系统学是揭示客观世界中系统普遍规律的基础科学。钱学森建立的“基础科学”“技术科学”“工程技术”三个层次结构的系统科学体系经过系统论通向辩证唯物主义。系统论属于哲学层次，是连接系统科学与辩证唯物主义哲学的桥梁。一方面，辩证唯物主义通过系统论去指导系统科学的研究；另一方面，系统科学的发展经系统论的提炼又丰富和发展了辩证唯物主义。

还原论把所有的对象分解成部分，分别精细地研究每一部分。但是，在基因层次进行生命研究，回答不了生命整个过程；在夸克层次进行物质结构研究，回答不了大物质构造。还原论方法的劣势在于从下往上回答不了高层次和整体问题，处理不了系统整体性的问题，特别是复杂巨系统和特殊复杂巨系统的整体问题。而在 20 世纪 30 年提出的整体论方法，强调从生物体整体上来研究问题，但限于当时的科学技术水平，支撑整体论方法的具体方法体系没有发展起来，还是从整体论整体、从定性到定性，解决不了实际问题。

系统论是整体论与还原论的辩证统一。钱学森的综合集成思想就是由钱学森的系统论发展而来的。在应用系统论方法时，要从系统整体出发将系统进行分解，在分解后研究的基础上，再综合集成到系统整体，最终是从整体上研究和解决问题。

系统论的产生发展表明："不要还原论不行，只要还原论也不行；不要整体论不行，只要整体论也不行。不还原到元素层次，不了解局部的精细结构，我们对系统整体的认识只能是直观的、猜测性的、笼统的，缺乏科学性。没有整体观点，我们对事物的认识只能是零碎的，只见树木，不见森林，不能从整体上把握事物，解决问题。科学的态度是把还原论与整体论结合起来。"辩证统一，就绝不是两者的机械相加，而是在对两者实行"辩证否定"基础上的有机结合。所谓辩证否定，用黑格尔的说法叫"扬弃"，就是既克服又保留。所谓对还原论、整体论实行辩证否定基础上的有机结合，就是在克服抛弃它们的片面的消极的东西的同时，保留和发扬它们的有益的积极的东西，并把这些积极的东西在系统论中有机地统一起来。

系统论超越了还原论、发展了整体论，实现了还原论与整体论的有机结合与内在统一。这就是从古代的朴素整体论到近代的还原论，从近代的还原论到现代的系统论，在更高基础上回到原来的出发点，螺旋式上升。系统论方法是钱学森在科学方法论上具有里程碑意义的贡献。它不仅大大促进了系统科学的发展，同时也必将对自然科学、社会科学等其他科学技术部门产生深刻的影响。

这是钱学森对现代科学技术发展的重大贡献，也是中华民族乃至全人类的宝贵知识财富和思想财富。

第二章：小结

系统科学体系是钱学森经过多年的工程实践和学术研究而形成的创新成果。系统科学的成就与贡献，既充分体现了钱学森的科学创新精神，也深刻体现出他的科学思想和科学方法，同时还具有中华文化特色。

钱学森提倡的系统科学和系统工程，使得“系统”概念在中国社会上广泛地深入人心，对于推动社会发展起了不容忽视的作用。钱学森提出的系统论在很多行业中都得到了运用。而随着科技的进步，系统科学论的思想在新的世纪也将运用得更加广泛，使人们从一种分散地、孤立地、简单地看待世界和事物的机械论理念转变为一种联系地、有机地、复杂地、整体地看待世界和事物的系统科学理念。

时光流转，精神不息。在建设中国特色社会主义，全面实现国家治理能力和治理体系现代化的征程中，在满足人民美好生活的战略安排中，在面对复杂国际局势与挑战的过程中，中国的系统科学与工程体系建设已经枝繁叶茂、渐成风景。

以系统思维护航国家发展，充分彰显了“中国智慧”。以习近平同志为核心的党中央，正在遵循新时代的系统观，带领中华民族走在伟大复兴的征程上。

The Buckling of Spherical Shells by External Pressure

Th. von Kármán and Hsue-shen Tsien

Introduction

The theory of thin shells was developed by [illegible] the assumption that [illegible] are, based upon the fundamental assumption [illegible] for [illegible] from the unloaded position is small, and the [illegible] all terms higher than [illegible] retained only the quadratic terms [illegible] expression and obtained a linear differential eq[illegible] for [illegible] equilibrium position of the shell [illegible] theory was used by all investigators to obtain [illegible] of thin shells. The case of cylindrical [illegible] uniform thickness, under the action of uniform [illegible] were calculated by R. Lorenz, R. V. Southwell, S. Tim[illegible] R. Zoelly, [illegible] and [illegible], L. H. Donnell, and others. The same problem was also inv[illegible] experimentally by many authors, especially by E. [illegible] and L. H. Donnell. Unfortunately, however, the discrepancy between theoretically calculated buckling loads [illegible] obtained [illegible]. It is well known that [illegible]

第三章

系统观念下的科学预见

钱学森是一位伟大的战略科学家，他的主要成就涉及“两弹一星”、应用力学、物理力学、航空航天与喷气、工程控制论、系统科学等多个领域。建立在系统科学基础上的科学预见，是钱学森的众多成就之一。科学预见是根据科学理论和经验对未来社会发展、科技应用所做的推论。钱学森的科学预见，体现了其丰富的想象力、敏锐的洞察力和勇于开拓、敢于创新的科学家精神。下面，就让我们走进与钱学森的科学预见紧密相关的几个重要领域。

第一节
核动力

一般单位质量化学推进剂的燃烧反应放出的能量如果为 1 个单位，那么单位质量核裂变物质能放出的能量为 100 万个单位，也即单位质量核裂变的能量等于单位质量化学变化放出能量的 10^6 倍。所以这样高的能量被放出来，可以使火箭发动机的性能有飞跃的提高。

——摘自钱学森《星际航行概论》

一、探索核动力科学应用

早在 20 世纪 40 年代，钱学森就与核技术结下了不解之缘，并进行了深入探索。

1945 年，第二次世界大战即将结束时，美国派出以冯·卡门为首的美国陆军航空队科学顾问团，对欧洲尤其是德国等国家的航空科学技术发展情况进行全面调查，并完成了研究报告《迈向新高度》。

钱学森作为美国国防部34人科学咨询团的重要成员，是该报告的主要撰写者之一，参与完成了其中五卷内容的编写。这部报告共13卷，为美国战后飞机、火箭和导弹的发展制定了长期蓝图，被誉为“奠定美国在军事领域绝对领先地位的基础理论之作”。同时，通过这次考察，钱学森了解了当时世界在航空、导弹、核能、电子等领域的最新成果和发展趋势，由此总结并提出了工程科学思想，逐渐开启了核动力工程、工程控制论等新的研究领域，转变为工程科学家。

也是在这次的报告中，钱学森首次提出核动力火箭的概念。

传统火箭发动机的动力来自由化学反应产生的热气体，能量有限，所以火箭在长途飞行时必须携带大量燃料。相比之下，核动力火箭的发动机只需要几公斤铀。铀裂变会产生巨大热量，使气体在反应过程中被加热到灼热的温度，并从火箭背面喷射出来，形成巨大推力。与传统火箭相比，核动力火箭在动力及续航能力上无疑具有突出优势。

1947年3月，钱学森在《核科学和核工程》一书中讨论了核动力火箭和其他喷气推进系统的几个基本问题，对核动力火箭的性能和重量进行了估计，并就降低临界尺寸的可能性和采用多孔材料作为反应器的优点这两方面提出建议。他于1949年发表的《应用核能的火箭和其他应用核能的热喷射器》是世界上第一篇关于核火箭的论文，震惊了当时的美国科技界，甚至在几十年后，该论文仍然被认为是经典之作。

20世纪50年代中期，当人们对核能的兴趣还集中在裂变反应堆时，钱学森就已经敏锐地意识到，在世界范围内，裂变燃料矿产资源有限，而聚变燃料相对丰富，聚变能源的研究和开发有着光明前景。他从工程科学的角度探讨了热核电站的特点和技术设计，在回国前夕完成了《热核电站》一文，并委托同事将论文投送《喷气推进学报》，该文于 1956 年 7 月发表。

在 1963 年出版的《星际航行概论》一书中，钱学森专门写了“原子能火箭发动机”一章。他提出：由于原子火箭发动机可以利用核裂变过程中释放的巨大能量创造出更高的飞行速度，相比目前的化学推进剂火箭发动机具有独特的优势，因此原子火箭发动机无疑是火箭发动机持续发展的方向。

他不断探索实现核火箭可行性的项目，于 1967 年 2 月 7 日写下对这个问题的新看法：“电弧加热火箭似乎很难达到每秒几十公里的喷射速度，而且效率较低（由于浪费了电离能），目前只有 60%。此外，电磁流体火箭的其他设备和规律还没有很好地掌握，效率只有 50%。离子火箭的效率比较高，能达到 80%—90%。因此，我们应该在直接赶造离子火箭的同时，开发电磁流体火箭。应该组织一个专业机构来做这项工作，同时请二机部及其他协作单位提供空间核能发电装置。”

2019 年《科技日报》报道：美国计划研制核动力航天器，将开发下一代核裂变产生的热推进技术，以推动飞船的深空探索。美国国家航空航天局雷克斯·吉说，核动力引擎预计需要三到四个月才能到达火星，速度大约是最快的传统化学动力航天器的两倍。宇航员在深空旅行的时间越长，他们受到的辐射就越多，使用核动力宇宙飞船可以通过减少辐射，从而更好地保护宇航员的健康。

二、核威慑下的现代战争

钱学森曾预测，21 世纪的战争将是在核威慑条件下围绕陆海空信息战展开的综合全面战争。在核武器和信息技术的双重基础上，他对当代战争的规模和水平提出了三个预测。

第一个预测，核武器在战争中有一定的威慑作用，但是并不具备实用性，大规模常规战争有限。在双方都拥有核武器的条件下，大国之间“核战争打不起来，传统的战争也不敢打”。因为战争本身的动态性和规律性，一旦战争爆发，它将面临自我抑制的困难而无限扩张。换句话说，交战双方很难具备自我控制的特点。在国家特别是大国核武器化的背景下，一旦涉及核国家的战争爆发，理论上有可能升级为核战争。但是，由于战略核武器的巨大破坏力，鲁莽使用必然导致核报复从而造成自我毁灭。因此，对于作为国家行为体的核武器拥有者来说，这种双向核战争具有抑制常规战争升级和发动核攻击冲动的功能，即“核威慑实际上不能打核战争”。

第二个预测，中等规模的侵略战争将会不复存在。中等规模战争是存在于大规模战争和小规模战争之间的过渡战争。由于战争自我控制机制的内在缺陷，中等规模战争在非理性“零和博弈”状态下很可能演化为大规模战争。此外，如果是一个大国发动军事入侵，作为战争的发起者，其将面临道德困境：在实现战略目标之前，战争的规模不断升级，而随着世界人民越来越反对战争，大国的军事侵略注定要失败。

第三个预测，小规模战争的存在主要是解决当前地区与国际冲突。钱学森认为，小规模战争将永远存在，而且具有一定的升级为中型战争的风险；导致小规模战争的驱动因素很大程度上来自战略核武器对大规模战争的抑制机制。也就是说，小规模战争的增加是由于传统大规模战争的等级转型。1988 年 1 月 28 日，他在致高恒的信中说道："用战争来解决问题的方法不行了。由于战略武器的出现，大仗不可能了；小仗又解决不了什么问题。武力越来越成了威慑。" 1992 年，他在系统学讨论班"七人小组"谈话中进一步指出："人类历史上的'战争'现象正在走下坡路。只有小小的冲突和局部战争。这就是事物发展的辩证法：战争的发展否定了它自身。"总体上，钱学森认为"战争这个手段正在衰落"。

第二节
人类登月

你在一个清朗的夏夜，望着繁密的，闪闪的群星感一种“可望而不可接”的失望吧！我们真是如此可怜吗？不，决不，我们必须征服宇宙！

——摘自钱学森《火箭》

一、人类登月的大胆预见

1935 年钱学森赴美留学前夕，在《浙江青年》上发表了一篇名为《火箭》的文章，其中对火箭、宇宙飞机等颇具未来感的航天设备展开了深入设想。

1945 年，美国开展吸收德国科学家的“回形针计划”。钱学森有机会前往德国内地考察，并带回了“德国导弹之父”冯·布劳恩，见到了“空气动力学之父”路德维希·普朗特，接触到德国当时先进的导弹技术和许多先进的研究资料。这对钱学森后来

左起：普朗特、钱学森、冯·卡门，1945年摄于德国哥廷根

在美国开展航空航天科研工作起到了重要作用。

钱学森从导师冯·卡门处毕业后，仍继续从事航空前沿问题研究，并提出了一系列开创性的观点，成为美国航空界最具权威性的专家之一。1947年，应麻省理工学院邀请，钱学森做了题为“飞向太空”的学术报告。在报告中，他重点讲述了火箭理论方面的发展和应用前景，凭借自身对航空航天领域的丰富经验和科研知识，他大胆预测：人类飞往月球的目标不出30年即可实现，且从地球飞往月球只需一个星期。这番大胆的言论让在场的人员意识到，人类自古以来征服太空的梦想距离实现已经近在咫尺。

1960年7月，时任美国国家航空航天局副局长休·拉蒂默·德莱顿宣布启动“阿波罗计划”，开始对载人飞船的可行性进行相关研究。1969年，“阿波罗11号”载人航天器成功登月，实现了人类长期以来登上月球的梦想。这场举世瞩目的人类征服月球的科学行动，回应了22年前钱学森的预见。他大胆而科学的预见成为一代又一代航天科研人的理想，激励他们向着这一伟大目标奋发努力。

二、中国探月工程三步走

1960年，钱学森在《科学小报》上发表了题为《苏联火箭技术的跃进和宇宙航行的前景》的文章。文中对当时科学研究的局限性，对人类真正进入宇宙空间需要面临的问题，表达了很多思考和担忧，比如：月球探测器的自动控制系统尚不完善；月球表面的大气和地理环境处于未知；探测器面临一定的误差和干扰；月球自动探测器适应月球表面的行进方式；月球探测器的回收、废置，以及发射时受天体物质的影响等。但他同时也表达出对人类未来科技发展水平的希望和信心。

在以钱学森为首的一批航空航天学者的带领下，中国的航空航天实力日益强大，中国人也终于有了足够的信心和实力，将目光投向了浩瀚星河。

2004年，中国正式开展月球探测工程——“嫦娥工程”。总工程计划分为“无人月球探测”“载人登月”和“建立月球基地”三个阶段。目前中国探月工程已完成多次月球探测任务。

“嫦娥一号”：获取月球表面三维立体影像；分析月球表面有用元素及物质类型的含量和分布；测量月壤厚度和评估氦-3资源

量；地月空间环境探测。

“嫦娥二号”：获得更清晰、更详细的月球表面影像数据和月球极区表面数据，并试验月球软着陆，为“嫦娥三号”着陆区进行探路工作；同时进一步探测月球表面元素分布、月壤厚度、地月空间环境等。

“嫦娥三号”：第一次在月球安装月基光学望远镜；完成首幅月球地质剖面图；完成首次天体普查；首次证明月球没有水；首次获得地球等离子体层图像。

2020 年 11 月 24 日 4 时 30 分，“长征五号”遥五运载火箭在中国文昌航天发射场点火升空，运送“嫦娥五号”探测器至地月转移轨道。

“嫦娥四号”：人类第一个着陆月球背面的探测器；实现人类首次月球背面软着陆和巡视勘察。

“嫦娥五号”：对着陆区现场进行调查和分析，以及对月球样品返回地球以后的分析与研究；为今后载人任务完成最后阶段的实验准备。

2020 年 12 月 17 日，“嫦娥五号”返回器稳稳降落在内蒙古四子王旗，带回约 1731 克月球样本，宣告了我国探月工程“绕、落、回”三步走战略圆满完成。

中国能在今天稳步推进月球探测工程，并取得这样的航天成就，与钱学森所作出的科学贡献是分不开的。钱学森在中国航天工程的开创中发挥了巨大作用，被誉为中国航天事业的奠基人。他经常大胆猜想，小心求证，以科学预见和科学理想启示并激励着一代又一代航天人。他又用实际行动告诉我们，航天工程必须根据需要和可能确定科学合理的工程目标；坚持系统工程的科学方法才是成功的关键；坚持质量第一的方针，力争一次成功。这些经验使中国航天部门更牢固地树立起质量第一意识，完善了质量管理体系，对保证后续航天飞行的高成功率起到了重要作用。

第三节

航天飞机

由于航天技术的最新发展，在20世80年代将出现一种先进的可往返使用的航天运载工具——航天飞机。航天飞机将取代先前一次使用的卫星运载火箭；将能够对在轨道上运行的通信卫星、导航卫星、地球资源卫星、气象卫星和科学卫星进行维修服务；将能把已在轨道上完成了任务的有效载荷取回地面，以便修复使用或供改进技术用；将能为航天技术提供经济的“天上实验室”；将能使利用天上无重力环境进行“天上生产”成为现实。航天飞机的发展将把航天技术革命进一步推向深入。

——摘自钱学森

《工程控制论》（1980年修订版）序言

一、对航天飞机领域的超前思索

航天飞机是一种往返于近地轨道和地面间的、可重复使用的运载工具。它既能像运载火箭那样垂直起飞，又能像飞机那样在返回大气层后在机场着陆，为人类自由进出太空提供了很好的工具，是世界航天史上的一个重要里程碑。

1981 年，世界上第一艘航天飞机“哥伦比亚号”在美国诞生。而在 30 多年前，钱学森就首先提出了航天飞机最初的概念——“火箭客机”。这是又一个完全被证实的科学技术发展预见。

1949 年 12 月，钱学森在美国火箭学会年会上做了题为“火箭作为高速运载工具的前景”的报告，第一次提出“火箭客机”概念，为世界上第一架航天飞机的诞生奠定了理论基础。这一火箭

钱学森（中）和火箭俱乐部的其他四位成员在加州理工学院古根海姆办公楼前留影。

理论震惊了美国和欧洲。

事实上，早在1935年留学之前，钱学森就曾提出“火箭飞机”的构想。他在一篇题为《火箭》的文章中提到:“这种高速度的飞机，它的外形必与今日的飞机不同，机身像一颗大炮弹，两翼的断面也不是像普通飞机那样，而是变成刀锋式，这都无非想减少抵抗而已。计算起来，以现在我们已有的工程技术可以造一支一气飞5000公里的火箭飞机。其平均速度为每秒1000公尺(即1000m/s)，1小时23分钟就可以飞完全程。朋友，这样大的速度会把我们的世界变成什么样子呢？我们的地图会缩的多小呢？麦哲伦用了辰个(即5个)可怕的岁月才渡了太平洋，现在美国船只要两礼拜，快了。今年秋天，讯美航空公司的‘东方号’来了，4天就够了。但是火箭飞机呵，一点半钟(即1.5h)！！这才是真正的、现实的缩地法，这不是做梦，不是神话！”

在1963年出版的《星际航行概论》中，钱学森再次阐述了一种天地往返运载系统的概念：以一架装有喷气发动机的大飞机作为第一级运载工具，以一架装有火箭发动机的飞机作为第二级运载工具。而关于喷气发动机，他提出要“以涡轮喷气发动机起飞，当高度超过10km及飞行速度达到两倍声速以上时再把冲压发动机开动，继续爬高和加速，直到极限，然后第二级火箭脱离第一级火箭起飞”。随后，多个国家对他提出的这个概念进行了详细研究。这些概念也是后来美国航天飞机的雏形。

多年以后，当钱学森的大胆预测及科学设想变成现实后，美国各大媒体对于他关于航天飞机的设想给予高度评价。《纽约时报》称他为“有价值的中国科学家”“美国火箭领域最有天分的科学家”。《洛杉矶时报》称他为“世界上最顶尖的火箭专家之一”、喷气推进领域“最热门的科学家”“最卓越最杰出的权威”等。

自“哥伦比亚号”出现在航天发展历史舞台以来，美国国家航空航天局的“哥伦比亚号”“挑战者号”“发现号”“亚特兰蒂斯号”和“奋进号”5架航天飞机在30年间先后共执行了135次任务，帮助建造国际空间站，发射、回收和维修卫星，开展科学研究。

美国“哥伦比亚号”航天飞机于1981年4月12日首次发射，它是美国第一架正式服役的航天飞机。（来源：美国国家航空航天局）

二、火箭与航天领域的前瞻创举

除航天飞机概念以外，从 20 世纪 40 年代到 60 年代初期，钱学森在火箭与航天领域还提出了许多重要概念。

1948 年，在美国火箭学会年会上，钱学森向大家展示了自己关于超音速飞机的想法：火箭助推—再入大气层滑行。利用这种方法，飞机可以在 1 小时之内从美国纽约飞到法国巴黎。钱学森还画了一幅图展示想法，这在当时被称为“惊人的火箭理论”。这一理论在美国公众中引起了轰动，各大报刊纷纷加以报道，还出版了刊有钱学森设计的火箭图片的画册。

1953 年，钱学森研究了星际飞行理论的可能性并提出在卫星轨道上起飞的可能性。他在《星际航行概论》中全面介绍了星际航行技术和星际航行实践的复杂性和艰巨性，对当时即将投身航天专业的工程技术人员和研究人员起到了很好的指导作用。钱学森在书中对火箭技术未来发展趋势的预测，比如航天器的耐热材料、轻质化等，已在实践中得到了印证；其阐述的科学原理和技术方法，对我国航天技术的发展和人类探索太空仍然具有重要的现实意义。

三、对中国载人航天的精准研判

20 世纪 60 年代，钱学森规划了中国载人航天的发展蓝图，并计划研制中国第一艘宇宙飞船“曙光一号”，但后来由于种种原因，计划搁浅。

直到 1986 年，中国载人航天计划又被提上了议程。但是此时却出现了一个问题：一开始制定的计划是研制宇宙飞船，但此

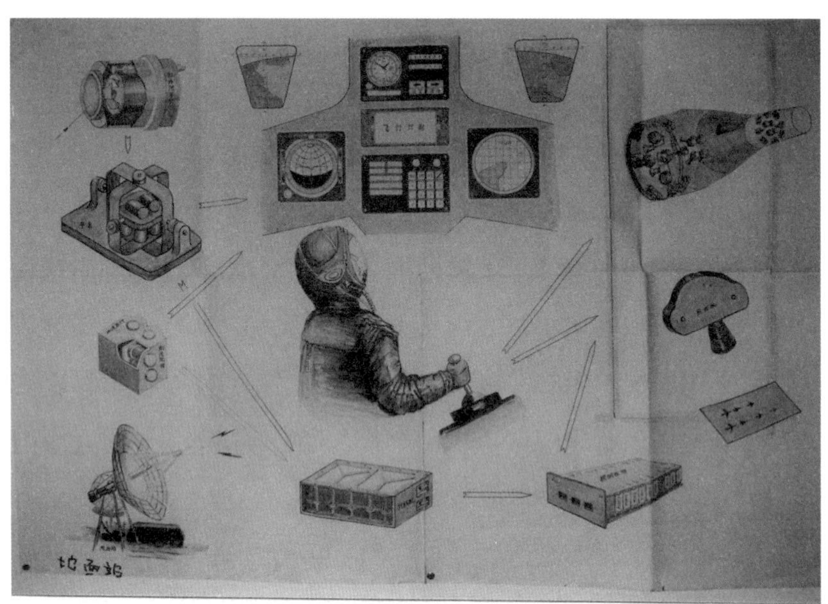

“曙光一号”航天员手动控制系统示意图(来源:《翩翩神舟我领航》,陈祖贵,2012 年出版)

时国际上却已经开始流行航天飞机了。到底是按照原计划继续研制宇宙飞船,还是跟随国际潮流发展航天飞机?专家们陷入两难。

宇宙飞船和航天飞机最大的区别在于,前者是一次性的,而后者可以多次使用。当时,美国和苏联已经拥有了多架航天飞机,而且实现了载人航天的飞行任务,另外一些国家也都在大力发展航天飞机。在这样的背景下,大部分专家都提议发展航天飞机,只有极少数人提议研制宇宙飞船。专家们评定了 6 套方案,其中有 5 套方案是航天飞机,而只有 1 套方案是宇宙飞船。

钱学森并没有参与这次会议讨论。会后有人提议,可以先将方案交由钱学森看看,然后再提交给中央领导审批。结果,钱学森看完方案之后写下了一句话，“应将飞船案也报中央”。寥寥几个字，很明确地表达了钱学森的意见。这出乎很多人的意料。

钱学森是航天飞机构想的提出者，并为航天飞机奠定了最初的理论基础。那他为什么不提倡中国发展航天飞机呢？一是，航天飞机的研制更加复杂，当时中国国内的科研能力和生产力还跟不上；二是，航天飞机在安全性方面远远不及宇宙飞船，美国“挑战者号”就是例子；再者，航天飞机虽然能够往返使用，但它的维护和保养成本极高，苏联的航天飞机飞了一次就不飞了，根本原因就是没钱保养和维修；最后，也是最关键的一点是，中国在研制宇宙飞船上有成熟的技术优势，可以很快实现载人航天计划，与发达国家并肩而立。

后来，有关领导决定采用研制宇宙飞船的意见。在之后研制飞船的过程中，美国和俄罗斯等国家都先后放弃了航天飞机方案，这也印证了钱学森的预测。

1999 年，中国“神舟一号”无人实验飞船诞生，并于 11 月 20 日成功发射。2003 年发射的“神舟五号”飞船实现了我国首次载人航天飞行。

钱学森把中国人送入太空的心愿终于得以实现。92 岁高龄的他躺在床上，久久注视着“神舟五号”。历经 21 小时 23 分钟，“神舟五号”绕地球飞行 14 圈后成功返回。从“神舟五号”的航天员杨利伟开始，每一位凯旋的航天员都会专程看望钱学森，向他表示敬意。

第四节

新能源汽车

我国汽车工业应跳过用汽油柴油阶段，直接进入减少环境污染的新能源阶段。今年我国汽车生产将达65万辆，到下个世纪20年代30年代估计将达1000万辆，保护环境将是十分重要问题。现在美国、日本、西欧都在组织各自技术力量攻高效蓄电池，计划开发出蓄电池汽车。在此形势下，我们决不应再等待，要立即制订蓄电池能源的汽车计划，迎头赶上，力争后来居上！

——摘自钱学森《致邹家华》（1992年8月22日）

一、对新能源汽车的战略远见

新能源汽车是指采用新型动力系统，完全或主要依靠新型能源驱动的汽车，主要包括纯电动汽车、插电式混合动力汽车及燃料电池汽车。

现在人们对新能源汽车已司空见惯，但很少有人知道的是，20世纪90年代，钱学森就以睿智的眼光、超前的战略思维，建议中国汽车工业应跳过用汽油、柴油阶段，直接进入减少环境污染的新能源汽车阶段。

1992 年 8 月 22 日，钱学森在给邹家华副总理的一封信中，深入分析了中国尽早发展新能源汽车的必要性和重大意义。他指出，到 21 世纪二三十年代，环境保护将成为影响中国发展的重要问题。美国、欧洲、日本等发达国家和地区当时都已经开展了高效蓄电池的技术攻关，并着手制定计划发展蓄电池汽车。面对这种国际发展形势，中国应该抓住机遇，主动作为，制定新能源汽车的国家发展计划，实现中国在汽车领域的赶超。

钱学森在信中指出，广东省已经建立了氢化物-镍蓄电池的中试基地，这一技术使得新能源汽车可以达到 250—300 公里的续航里程，中国企业有能力研制性能更先进的蓄电池，从而赶超欧美发达国家。

最后钱学森明确提出建议，希望国家组织相关研究力量，推动汽车技术跨越式发展，实现中国新能源汽车的快速发展。

现在看来，这份建议是从国际视野出发，基于对世界新能源汽车总体技术水平的分析而做出的科学评价和超前建议，充分反映了钱学森超强的技术预见能力。当前环境问题日益严重，也充分证实了钱学森论断的超前性、正确性。发展新能源汽车的建议对于中国实行汽车工业跨越式发展，实现绿色发展、创新发展等具有非常重要的战略意义。

二、世界新能源汽车强劲发展

加快培育和发展新能源汽车，既是有效缓解能源和环境压力、推动汽车产业可持续发展的紧迫任务，也是加快汽车产业转型升级、培育新的经济增长点和国际竞争优势的战略举措。

世界主要发达国家纷纷将新能源汽车作为国家战略，加强顶层谋划、完善政策环境。大型跨国汽车企业纷纷加大新能源汽车的研发投入，完善产业布局，加快推进技术研发和产业化。德国 2009 年发布《德国联邦政府国家电动汽车发展规划》，日本 2010 年发布《下一代汽车计划》和“日本新一代汽车战略 2010”，美国 2012 年发布《电动汽车国家创新计划》。新能源汽车已成为全球汽车产业转型发展的主要方向和促进世界经济持续增长的重要引擎。

欧洲多个国家相继制定发布了禁售传统燃油车时间表。2018 年，大众、奔驰、宝马、奥迪、通用、福特等国际主要汽车企业，发布了全新的新能源汽车发展规划。

为推动本国新能源汽车产业发展，世界各国纷纷出台政策法规，创造良好产业环境。美国新能源汽车政策以能源安全为出发点，侧重技术研发的支持，兼备财税优惠手段，未来政策将继续重点支持相关技术的研发，同时注重排放、油耗等相关惩治性措施；日本一直关注技术研发的支持，未来新能源汽车政策也将集中在推广应用和制定排放、油耗法规方面；欧洲新能源汽车政策渐成体系，以节能环保为主要目标，鼓励性及限制性政策均有实施，未来也将保持这一态势。

三、中国新能源汽车未来可期

发展新能源汽车是中国从汽车大国迈向汽车强国的必由之路，是应对气候变化、推动绿色发展的战略举措。近年来，中国新能源汽车产业取得了巨大的发展成就，成为世界汽车产业发展转型的重要力量之一。

发展新能源汽车对于中国2030年前碳排放达到峰值，2060年前实现碳中和，减少污染、改善环境，具有重要作用；对中国稳定能源供给，改善能源结构，发展低碳交通，提升国际竞争力和科技创新实力，保持汽车产业持续发展，具有重要意义。

从2010年起，中国出台了一系列发展规划和政策措施，推动新能源汽车的快速发展。

《国务院关于加快培育和发展战略性新兴产业的决定》（国发〔2010〕32号）提出，着力突破新能源汽车动力电池、驱动电机和电子控制领域关键核心技术，推进插电式混合动力汽车、纯电动汽车推广应用和产业化。同时，开展燃料电池汽车相关前沿技术研发，大力推进高能效、低排放节能汽车发展。在《"十二五"国家战略性新兴产业发展规划》（国发〔2012〕28号）指导下，"十二五"期间，中国新能源汽车与节能技术及关键零部件取得了阶段性突破，市场推广、商业模式创新初显成效，基础设施建设快速发展。

《"十三五"国家战略性新兴产业发展规划》（国发〔2016〕67号）提出，实现新能源汽车规模应用，整体技术水平保持与国际同步，形成一批具有国际竞争力新能源汽车整车和关键零部件企业。"十三五"期间，中国新能源汽车产业规模全球领先，高质量发展初露端倪，产业链环节基本完备，龙头骨干企业加速形成，燃料电池汽车开启规模化示范运营，基于共享经济理念的分时租赁等商业模式不断涌现。2018年，新能源汽车全年产销分别达到

为促进新能源汽车产业发展，中国国家电网有限公司加快建设新能源汽车充电设施。图为位于江苏常州某公交车场的电动汽车充电站。

了 127 万辆和 125.6 万辆，销量增速远超汽车产业总增速，占比稳步上升。截至 2020 年底，中国新能源汽车保有量达 492 万辆，比 2019 年增加 111 万辆，中国已成为新能源汽车发展最快、产量最高、保有量最多的国家。

《新能源汽车产业发展规划（2021—2035 年）》（国办发〔2020〕39 号）提出，到 2035 年，中国新能源汽车的核心技术将达到国际先进水平，自主品牌具备较强的国际竞争力，纯电动汽车将成为新销售车辆的主流，燃料电池汽车将实现商业化应用，高度自动驾驶汽车将实现规模化应用。

第五节

高新技术产业

归结起来讲，今天当我们面向21世纪，面对国际间的激烈竞争，为了建设中国的社会主义事业，必须把科学技术作为第一生产力，具体的办法就是建立科学技术业。

——摘自钱学森
《我们要用现代科学技术建设有中国特色的社会主义》

一、对高新技术产业的构想

以微电子、信息技术革命为先导的生物、航天、新能源、新材料等一大批高新技术及其产业化，已成为当今推动社会发展的主导力量。

钱学森早在1991年就建议尽快在我国建立科学技术产业，也就是现在的高新技术产业。他说：“今天科学技术的发展大大推动了社会进步，科学技术是第一生产力。国际间的争夺，主要依靠的也是科学技术。基于这样一种形势，我们必须把科学技术工作摆到一个非常重要的位置上。而我国的科学技术力量并不弱，而且中国人聪明，为了充分发挥科学技术力量在社会主义建设中的作用，我建议建立我国的一种第四产业——科学技术业，作为今天的一项重大的战略决策。”

钱学森说：“中国在那么困难的条件下搞成了‘两弹’，其中一条重要的经验是组织得好。”重大科学技术都不是一两个人能够干成的，甚至不是一两个单位能干成的，要靠组织，所以组织工作是一个相当重要的问题。为了解决科学技术工作分散的问题，迎接21世纪的挑战，他建议中央考虑建立科学技术业。科学技术业并不是要取代中国科学院、中国社会科学院、高等院校等科研机构，而是把他们的成果组织起来，用组织起来的手段协调全国的科学技术工作。这个手段就是组建科技业的公司。“要使科学技术成为生产力，使科研成果在生产中得到应用，仅有各个领域的科技公司还不够，因为每一个单项技术要应用到生产中去，还需要有一个中间环节，它根据工厂的需要，吸取可用的成果，将一项项单个成果综合设计成生产体系，并负责培训工厂的技术人员和工人。”

钱学森提到的科学技术业包括以下几个方面：我国现有的科技力量，包括各种科研院、研究所等；各种科技专业公司，发挥群体智慧，组织开发各种新技术，出技术成果、出专利，这些成果不仅面向国内，而且面向国际；各种综合系统设计中心，使科技成果尽快在生产中得到应用。这样基础应用研究-应用研究-设计试验试制-生产等环节就能实现一体化。

此外，关于如何促进科学技术产业迅速发展，钱学森认为关键在于培养人才，提高人才素质，尤其是要培养勇于创新的科学精神。要能够根据国内外市场变化发展需求，不断研究新技术，开发新产品，进行新的协调与合作，作出新的决策。对此，钱学森提出 5 点建议：要学习马克思列宁主义、毛泽东思想；要了解整个科学技术，掌握世界科学技术发展的新动态；要学习世界的知识；要学习军事科学知识，包括组织管理方面的知识和才能；学点文学艺术。这样才能培养出科技帅才，他不只是一个方面的专家，而是要全面指挥，能敏锐地看到未来的发展。

二、我国高新技术产业的发展

现阶段，在习近平新时代中国特色社会主义思想的指导下，我国继续坚持“发展高科技、实现产业化”方向，以培育发展具有国际竞争力的企业和产业为重点，以科技创新为核心着力提升自主创新能力，围绕产业链部署创新链，围绕创新链布局产业链，培育发展新动能，提升产业发展现代化水平，将国家高新技术产业开发区建设成为创新驱动发展示范区和高质量发展先行区。

2020 年 10 月，科技部发布《关于认定 2020 年国家高新技术产业化基地的通知》，认定北京经济技术开发区国家人工智能高新技术产业化基地等 11 家基地为国家高新技术产业化基地，要求围绕科技型创新创业，加速科技成果转移转化，积极培育科技型中小微企业，促进高新技术产业集群协同发展，使基地成为区域经济发展的重要支撑。

2020 年《国务院关于促进国家高新技术产业开发区高质量发

展的若干意见》中指出，国家高新区的发展目标是：到 2025 年，国家高新区布局更加优化，自主创新能力明显增强，体制机制持续创新，创新创业环境明显改善，高新技术产业体系基本形成，建立高新技术成果产出、转化和产业化机制，攻克一批支撑产业和区域发展的关键核心技术，形成一批自主可控、国际领先的产品，涌现一批具有国际竞争力的创新型企业和产业集群，建成若干具有世界影响力的高科技园区和一批创新型特色园区。到 2035 年，建成一大批具有全球影响力的高科技园区，主要产业进入全球价值链中高端，实现园区治理体系和治理能力现代化。

2021 年中国《政府工作报告》指出：要提升科技创新能力。强化国家战略科技力量，推进国家实验室建设，完善科技项目和创新基地布局。实施好关键核心技术攻关工程，深入谋划推进“科技创新 2030－重大项目”，改革科技重大专项实施方式，推广“揭榜挂帅”等机制。支持有条件的地方建设国际和区域科技创新中心，增强国家自主创新示范区等带动作用。

我国科学技术产业的巨大发展成就和光明发展前景，验证了钱学森 30 年前建议的前瞻性、科学性和重要性。

第六节

现代科学技术体系发展

马克思主义哲学是人类认识世界的最高概括，是人类智慧的最高结晶。在马克思主义哲学指导下，研究各种不同对象，有不同的科学部门。而且我们要认真思考时代的特征。今天离马克思时代又有100多年了，世界发展了，科学技术大大发展了。我们还要展望即将来临的21世纪。

——摘自钱学森

《我们要用现代科学技术建设有中国特色的社会主义》

一、对科学技术发展的预判

在当今信息时代，科技已成为凝结在生产过程中的提高社会生产力、推动社会飞速发展的重要力量。早在20世纪80年代，钱学森就已高瞻远瞩地指出包括组织管理在内的科学技术，特别是高科技的重要作用，描绘出了现代科学技术体系的发展蓝图。

1988 年，钱学森发表《为科技兴国而奋力工作》一文。文章指出：展望 21 世纪，科学技术发展将呈现出五个方面的特征。

（一）科学技术迎来高速发展

世界主要国家将集中人力、物力、财力于当代最先进的科学技术的争夺上，一系列新兴科学技术领域将取得重大突破，出现新的生产技术、新的生物品种、新的物质合成，新的信息、能源、交通结构以及对宇宙自然现象的新的认识等。人们的思想观念、生产方式、社会秩序和生活方式将随之发生前所未有的新的变革。

（二）科学技术发展将与经济发展高度结合

科学技术发展会给世界经济带来重大影响，经济竞争中的主要因素将变成高技术研究开发和高技术产业。科学技术对经济发展的支撑作用大大增加。商品所附有的技术因素，技术发明中所包含的科学因素也更为密集。科技转化为商品的周期将大大缩短。

（三）科学技术将在全球性相互依存中发展

在世界最新科技成果的基础上，现代科学技术得以发展壮大。伴随着重大项目的技术密集增加、技术多元化发展，没有一个国家可以运用独自的力量解决竞争与发展中的诸多问题。诸如环境、资源等影响人类社会的重大问题已具有全球性质。科学技术的国际分工和合作将日益深化，科学技术将会在全球性的相互依赖和相互争夺中发展。

（四）科学技术将向“科技–经济–社会–环境”日益协调发展

国家现代化水准不仅依赖经济和科技的发展水平，同时也强调社会、环境、教育、文化的协调发展。未来关于生态平衡、环境保护、社会公平、教育文化医疗共享，以及消除因科技发展带来的对社会和心理的危害等问题会受到更多关注，科学的社会化和社会的科学化将实现平行发展。

（五）科学技术将实现自然科学与社会科学和哲学相统一

经营思想、发展战略和科学决策的竞争将成为世界经济科技竞争的新形式。想要赢得竞争的胜利，占领战略的制高点，就必须在哲学思想、领导艺术和科学决策上取得优势。21 世纪，和平与发展的人类主旋律会继续唱响，但经济和科技的竞争绝不会停止。人类的高尚思想追求将影响世界。

二、关于现代科学技术体系的构想

在钱学森的科学历程中，有一个非常突出的鲜明特点，就是系统思维和系统思想。20 世纪 70 年代末以来，他把主要精力集中在系统工程的推广应用和系统科学理论的探索研究上，他的系统思想有了新的发展，进入了新的阶段，达到了新的高度。

1991 年 10 月 16 日，国务院、中央军委在北京人民大会堂举行授奖仪式，授予钱学森“国家杰出贡献科学家”荣誉称号。钱学森在仪式上说：“我认为今天科学技术不仅仅是自然科学工程技术，而是人类认识客观世界、改造客观世界整个的知识体系，而这个知识体系的最高概括是马克思主义哲学。我们完全可以建立起一个科学体系，而且运用这个体系去解决我们中国社会主义建设中的问题。”并表示，“我在今后的余生中就想促进一下这件事情。”

钱学森以系统科学的视角来看待和感知客观世界，认为现代科学技术是人类认识和改造客观世界的手段和方法。从不同学科的视角出发去看待客观世界，往往会发现不同的侧面，从而衍生发展出不同的科学技术。由此，钱学森归纳出了一套现代科学技术体系构想，即“一个核心、三个层次、11个部门”以及“一座桥梁”的结构模式。

（一）现代科学技术体系结构

钱学森自觉将马克思主义哲学贯彻到科研工作中，他曾在书信中指出：“马克思主义哲学是智慧的源泉！”在马克思主义哲学的理论基础上，他围绕系统思想构建了现代科学技术体系结构。

随着社会的发展，现代科学技术取得了巨大的成就。今天人类正在探索从渺观、微观、宏观、宇观直到胀观五个层次时空范围的客观世界，其中宏观层面指的是我们所在的地球，在地球上又不断诞生了各种生命和生物，出现了人类，又逐渐形成了人类社会。对这些领域的研究不断积累，形成了众多科学领域和学科，根据时代的发展又不断涌现出新的领域和新的研究学科。

钱学森在《现代科学技术和科技政策》一书中指出：“现代科学技术不单是研究一个个事物，一个个现象，而是研究这些事物、现象发展变化的过程，研究这些事物相互之间的关系。今天，现代科学技术已发展成一个很严密的综合起来的体系，这是现代科学技术的一个重要的特点。”

基于整体的视角，现代科学技术的研究对象为整个客观世界。客观世界涵盖了自然范畴和人工范畴的不同领域，人是客观世界的组成部分。研究客观世界的角度、观点或者方法的不同，催生了现代科学技术的各类科学技术部门。基于系统思想，钱学森提出了现代科学技术的矩阵式结构，建立了包括横向 11 个科学技术部门、纵向三个层次的现代科学技术体系结构。这 11 个科学技术部门分别涉及自然、社会、数学、系统、思维、行为、人体、军事、地理、建筑领域的科学以及文艺理论。这一现代科学技术体系结构是基于当前科学技术的发展水平而建构的，随着科学技

人类知识体系结构

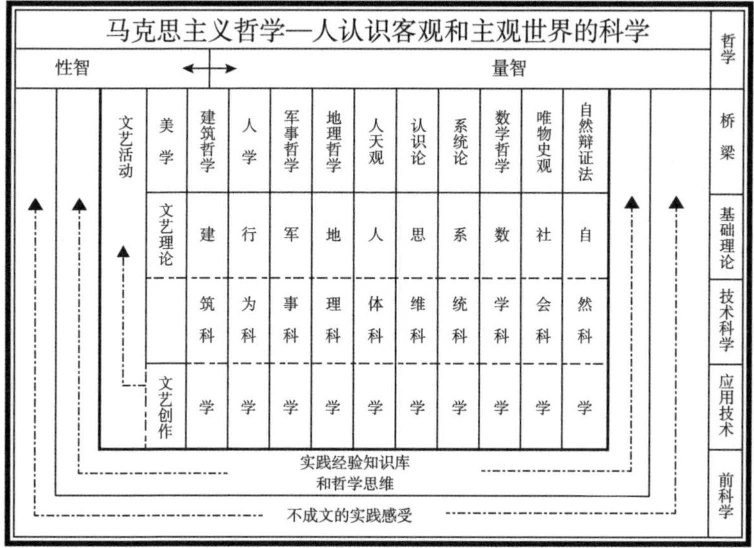

术的不断发展，新的部门还在不断涌现，因此，这个体系具有动态发展的特性。

科学是认识世界的学问，技术是改造世界的学问。在每一个科学技术部门里都包含着认识世界和改造世界的知识。自然科学经过一百多年的发展，已形成了三个层次的知识：直接用来改造客观世界的应用技术（或工程技术），为应用技术直接提供理论基础和方法的技术科学，以及再往上一个层次，揭示客观世界规律的基础理论，也就是基础科学。技术科学实际上是从基础理论到应用技术的过渡。钱学森指出，这三个层次的知识结构，对其他科学技术部门同样是适用的，唯一例外的是文艺。文艺只有理论层次，而实践层次上的文艺创作，就不是科学问题，而属于艺术范畴了。

现代科学技术并没有囊括所有人类在实践中学习得到的知识，因为人类在实践中得到的知识远比现代科学技术体系中划分的类别要丰富得多。科学知识要解释是什么以及为什么，要解释现象也要解释原理，但是大量的感性和经验知识只能知道是什么，无法解释为什么，因此有大量知识无法纳入现代科学技术体系中。钱学森将这部分无法纳入的知识称为前科学。前科学中的感性知识、经验知识，可以通过不断的深挖提炼，形成科学知识，进而形成科学体系，不断发展进入现代科学技术体系。前科学中的知识发展和深化了科学技术本身。与此同时，随着人类社会的不断发展，社会实践的不断深入，新的经验知识不断积累，又会不断推动丰富前科学的发展。人类社会实践是永恒的，前学科的发展也是持续不断的，推动着科学技术不断地向前发展。

因此，现代科学技术体系是动态发展系统，也是开放演化系统。

（二）现代科学技术体系的桥梁

马克思主义哲学是人类对客观世界认识的最高概括，也是科学技术的最高概括，它不仅是知识、更是智慧。辩证唯物主义反映了自然界、人类社会和人的思维发展的普遍规律。在现代科学技术发展的进程中，应始终坚持用马克思主义哲学来指导科学技术的发展。此外，现代科学技术的发展也进一步充实丰富了马克思主义哲学。

钱学森认为，“把马克思主义哲学放在科学技术整个体系的最高层次也说明了马克思主义哲学的实质：它绝不是独立于现代科学技术之外的，它是和现代科学紧密相连的。也可以说，马克思主义哲学就是全部科学技术的科学，马克思主义哲学的对象就是全部科学技术。”

以马克思主义哲学与科学技术的互动关系为基础，钱学森提出了从科学技术部门到马克思主义哲学的“桥梁”。11 个科学技术部门都有对应的哲学桥梁连接到马克思主义哲学，这 11 座桥梁属于哲学范畴，分别概括了对应科学技术部门中各自带有普遍性、规律性的知识，包括：自然辩证法、唯物史观、数学哲学、系统论、认识论、人天观、地理哲学、军事哲学、人学、建筑哲学、美学等。马克思主义哲学通过这 11 座桥梁与科学技术体系联系在一起，这也是马克思主义哲学区别于其他哲学的一个根本特点，它是科学的哲学。

从前科学到科学再到哲学这样三个层次的知识，就构成了人类的整个知识体系。

钱学森所构建的现代科学技术体系，是个开放的复杂的动态网络体系，是人类认识客观世界、改造客观世界的整个知识体系。这个体系包括所有通过人类实践认知的学问，是在全人类不断认识并改造客观世界的活动中发展变化的体系。构筑科学技术体系是长期任务。

第三章：小结

在钱学森漫长的科学研究生涯中，他不断突破传统观念和思维方式的束缚，勇于探索科学新领域，研究别人没有研究过的重大颠覆性问题。多年之后，他的预见多半都已成为现代经济、社会及科学发展的方向或模式，其视野之开阔、思想之深邃，让人为之叹服。

钱学森把为人民服务作为其人生的最终目标，几十年如一日地为中国科技事业殚精竭虑。他晚年一直在思考如何利用现代科学技术来为中国特色社会主义建设服务，使国家强盛、人民富裕。钱学森一生始终将个人理想与祖国命运相结合，将个人选择与社会需要相统一，将个人追求与时代主流相契合，实现了人生价值与国家、社会和时代的紧密关联。

貴校[illegible]

昨日前接到尚可惠覽，[illegible]先生於十月杭州[illegible]

元培院日前函王明先生[illegible]，[illegible]

中研院一面於王明先生稍事[illegible]，[illegible]

究[illegible]，一面於研究所見[illegible]

[illegible]先生[illegible]

[illegible]見[illegible]，[illegible]

[illegible]事。[illegible]

[illegible]此上

[illegible]謹上

國立清華大學校長[illegible]公鑒

[illegible]

第四章

从此岸到彼岸：新世界的猜想

2005年3月29日，94岁高龄的钱学森和身边的工作人员作了一次长谈，重点谈培养创新人才。他说："回国以后，我觉得国家对我很重视，但是社会主义建设需要更多的钱学森，国家才会有大发展。我今年已90多岁了，想到中国长远发展的事情，忧虑的就是这一点。"同年7月，他对来看望他的国务院总理温家宝说："现在中国没有完全发展起来，一个重要原因是没有一所大学能够按照培养科学技术发明创造人才的模式去办学，没有自己独特的东西，老是'冒'不出杰出人才，这是很大的问题。"他在这两次谈话中提出的问题，被称为"钱学森之问"。

为什么我们总是培养不出杰出人才？如何造就更多像钱学森这样的大师，如何在实践基础上提供引领世界未来发展的大成智慧？回答"钱学森之问"，已经成为摆在中国人和全人类面前的一道重大考题。

钱学森关于重大科技工程及关键技术的预见极具前瞻性、独特性和准确性，大都已经实现。人们可能会想，我是不是也可以作这样的预测？比如，人类可以在地球和月亮之间架起"鹊桥"；比如，人类有朝一日可以像电影《流浪地球》一样，推着地球离开太阳系……只要想象力丰富，这样的遐想可以无限多、无穷大，人人都可以成为"预言家"。但是，"想象"与"预测"有着本质的区别，那就是是否基于客观存在，是否来自实践并能指导实践。

我们为什么相信马克思主义？因为马克思提出的科学社会主义，是辩证的、唯物的、历史的、客观的，与16世纪以来的空想社会主义有着本质区别。空想社会主义是一种无法实现的空想，科学社会主义与之相比，是“理论”与“愿望”、“预测”与“空想”的区别。正如马克思所说：“人的思维是否具有客观的真理性，这不是一个理论的问题，而是一个实践的问题。人应该在实践中证明自己思维的真理性，即自己思维的现实性和力量，自己思维的此岸性。”这种世界观与方法论来自实践，但没有止步于实践。首先，它强调社会实践的第一性；其次，重视在实践基础上主观世界和客观世界的互动作用。这是一个“实践-认识-再实践-再认识”的系统提升过程。

人类在几十年的发展历程中，与客观世界的互动经历了从“崇拜”到“平视”、从“无知”到“有为”的过程。

进入近代以前，人类社会对于认识和改造世界的知识积累是非常缓慢的，绝大部分人极少参与到创新活动中。人类学会在铜中加入砒霜锻造铜器，花了几千年；懂得用锡来替代砒霜制造青铜，又经过了一两千年。

人类知识的迅速增长始于五百年前的文艺复兴。从17世纪起，还原论思想主导了近现代社会的发展，带动了科学、技术、工程、产业的全面飞跃。它让自然科学大放异彩，促使近现代科学得以建立，并最终成为推动科学技术发展的主流方法论。特别是牛顿力学三大定律、热力学定律和爱因斯坦相对论等非凡成就，成了人类认识客观世界的基本原理。在此基础上，产生了大量的应用技术与实践成果，极大提高了劳动生产率，推动了社会的跨越式发展。这一切都要归功于科学技术。

马克思认为科学技术是推动社会历史发展的革命性力量。邓小平明确提出“科学技术是第一生产力”的论断。钱学森晚年也在科学技术发展规律方面进行了大量探索，提出现代科学技术体系构想，并继续将目光投向了人类社会活动的发展规律上。他系统提出科学革命、技术革命、产业革命的预测与设想，并且勾勒出未来几次产业革命的实现路径。这一重要思想理论为我们进入下一个发展阶段提供了一种科学预判，为我们从“此岸”通向“彼岸”架起了一座理论桥梁与实现路径。

第一节
“是什么”与“怎么办”

我们现在要考虑的问题是，到建国一百周年，要充分利用一切的科学革命、技术革命和国外的几次产业革命以及将要到来的产业革命，吸取他们这一套生产体系的组织管理结构和经济结构的好的经验……到建国一百周年，我们将怎么干，有的事情是现在就要做准备的。

——摘自钱学森
《关于新技术革命的若干基本认识问题》

一、对社会规律的科学解读

何为科学、何为技术？科学革命与技术革命又是怎样的关系？马克思指出，科学是人类通过实践对自然的认识和解释，是人类对客观世界规律的理论概括；技术在本质上体现了人对自然的实践关系。通过考察历史上的科学技术发展规律，钱学森提出，科学是发现客观世界的学问，技术是改造客观世界的学问。前者回答了“是什么”的问题，后者回答了“怎么办”的问题。

在此基础上，钱学森研究了科学革命、技术革命与产业革命的发展及关系问题。“科学革命”一词最早由美国科学家、哲学家托马斯·库恩在《科学革命的结构》中提出。库恩指出，科学的发展不是平稳前进的，中间可以出现大的、质的变化，出现飞跃，并把这个质的变化和飞跃称为科学革命。比如“日心说”取代“地心说”就是一次科学革命，牛顿力学三大定律也是一次科学革命，都是人类认识客观世界的飞跃。

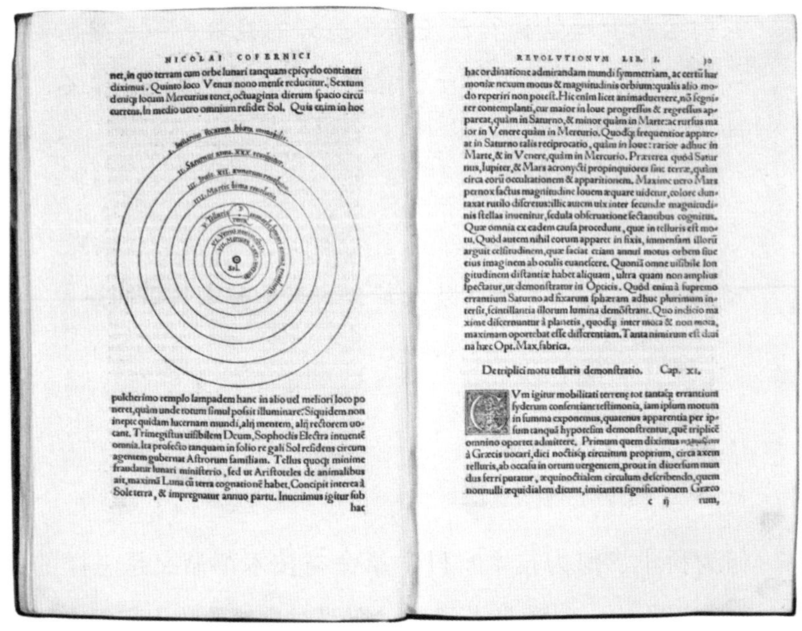

NICOLAI COPERNICI

net, in quo terram cum orbe lunari tanquam epicyclo contineri diximus. Quinto loco Venus nono menſe reducitur. Sextum denique locum Mercurius tenet, octuaginta dierum ſpacio circũ currens. In medio uero omnium reſidet Sol. Quis enim in hoc

pulcherimo templo lampadem hanc in alio uel meliori loco poneret, quàm unde totum ſimul poſsit illuminare? Siquidem non inepte quidam lucernam mundi, alij mentem, alij rectorem uocant. Trimegiſtus uiſibilem Deum, Sophoclis Electra intuentẽ omnia. Ita profecto tanquam in ſolio regali Sol reſidens circum agentem gubernat Aſtrorum familiam. Tellus quoque minime fraudatur lunari miniſterio, ſed ut Ariſtoteles de animalibus ait, maximã Luna cũ terra cognationẽ habet. Concipit interea à Sole terra, & impregnatur annuo partu. Inuenimus igitur ſub hac

REVOLVTIONVM LIB. I. 10

hac ordinatione admirandam mundi ſymmetriam, ac certũ harmoniæ nexum motus & magnitudinis orbium: qualis alio modo reperiri non poteſt. Hic enim licet animaduertere, nõ ſegniter contemplanti, cur maior in Ioue progreſſus & regreſſus appareat, quàm in Saturno, & minor quàm in Marte: ac rurſus maior in Venere quàm in Mercurio. Quodque frequentior appareat in Saturno talis reciprocatio, quàm in Ioue: rarior adhuc in Marte, & in Venere, quàm in Mercurio. Præterea quòd Saturnus, Iupiter, & Mars acronycti propinquiores ſint terræ, quàm circa eorũ occultationem & apparitionem. Maxime uero Mars pernox factus magnitudine Iouem æquare uidetur, colore duntaxat rutilo diſcretus: illic autem uix inter ſecundæ magnitudinis ſtellas inuenitur, ſedula obſeruatione ſectantibus cognitus. Quæ omnia ex eadem cauſa procedunt, quæ in telluris eſt motu. Quòd autem nihil eorum apparet in fixis, immenſam illorũ arguit celſitudinem, quæ faciat etiam annui motus orbem ſiue eius imaginem ab oculis euaneſcere. Quoniã omne uiſibile longitudinem diſtantiæ habet aliquam, ultra quam non amplius ſpectatur, ut demonſtratur in Opticis. Quòd enim à ſupremo errantium Saturno ad fixarum ſphæram adhuc plurimum interſit, ſcintillantia illorum lumina demõſtrant. Quo indicio maxime diſcernuntur à planetis, quodque inter mota & non mota, maximam oportebat eſſe differentiam. Tanta nimirum eſt diuina hæc Opt. Max. fabrica.

De triplici motu telluris demonſtratio. Cap. XI.

CVm igitur mobilitati terrenę tot tantæque errantium ſyderum conſentiant teſtimonia, iam ipſum motum in ſumma exponemus, quatenus apparentia per ipſum tanquã hypoteſim demonſtrentur, quẽ triplicẽ omnino oportet admittere. Primum quem diximus νυχθήμερον à Græcis uocari, diei noctisque circuitum proprium, circa axem telluris, ab occaſu in ortum uergentem, prout in diuerſum mundus ferri putatur, æquinoctialem circulum deſcribendo, quem nonnulli æquidialem dicunt, imitantes ſignificationem Græco

c ij rum,

哥白尼在《天体运行论》中绘制了太阳系的几大行星及它们的运动情况。尼古拉·哥白尼（1473—1543），波兰天文学家、“日心说”创立者，近代天文学的奠基人。

毛泽东概括说，一般的小的技术改进，可以叫作技术革新；在技术上带有根本性的、广泛影响的大的变化，叫作技术革命。例如，从雕版印刷术到活字印刷术，是一次技术革新；而蒸汽机和电力的出现，就是技术革命。这就将具有全局性、颠覆性意义的技术革命与局部的、普通的技术革新进行了明确区分。

1983 年，钱学森在《科学革命、技术革命和社会发展》一文中明确提出："科学革命主要引起人们认识客观世界的飞跃，还不能直接影响或推动生产力的发展。那么从我们的观点来看，科学革命可能过一段时间以后会引起技术革命，技术革命直接影响生产力的发展，生产力的发展必然影响到上层建筑，这样一个变化当然是辩证的。"上层建筑的变化就是"社会革命"，指的是社会制度的飞跃，原始制度到奴隶制度的转变，奴隶制度到封建制度的转变，封建制度再到资本主义的转变，都属于这个范畴。

二、对产业革命的历史纠偏

"产业革命"一词最早出现在恩格斯 1845 年出版的《英国工人阶级状况》一书中。恩格斯描绘了 18 世纪末到 19 世纪初的英国工业、交通运输以及农业的巨大变化，并称之为产业革命。

但是，到了 20 世纪中期，随着"第四次产业革命""第三次浪潮"等新词汇、新概念的出现，产业革命开始与其他词汇混用。钱学森认为一些流行说法或者常用说法不够确切。比如，"工业革命"只能概括自近代工业兴起以后的几百年时间，无法涵盖既往历史；"科学技术革命"词义不清；"第三次浪潮"被宣扬可以解决资本主义的矛盾，是没有根据的。

钱学森认为，产业革命是由科学革命与技术革命两股强大的力量共同引发产生的，是经济的社会形态的飞跃。他这样定义产业革命："产业革命就是生产体系组织结构以及经济结构的飞跃变化。它是因为生产技术促进了生产力的发展所导致的飞跃。"他指出，产业革命绝不是局部的变化，不是生产技术应用到哪一方面所引起的飞跃，而是全局性的、整个生产体系的飞跃变化。由此，他从更大的时空尺度，考察了人类自原始社会以来的历次产业革命，对当时的一些不甚确切的说法进行了一次重要的历史纠偏。

钱学森总结出人类历史上已经出现的四次产业革命以及正在进行的第五次产业革命。

第一次产业革命：大概在一万年前的石器时代，人类社会的生存方式主要有自然采摘、狩猎动物等。第一次产业革命引领人类社会由原始社会转变为奴隶社会，开始逐渐发展出现第一产业，如农业、渔业、畜牧业等。

第二次产业革命：在公元前1000年到公元200年的青铜器时代，第一产业由于金属农具的使用得到大幅发展，同时采矿、冶金等进一步发展。技术发展带来产品剩余，继而开始出现商品和商品交换现象。这一时期奴隶社会开始向封建社会的制度转变。

第三次产业革命：18世纪下半叶至19世纪初，近代工业出现，以蒸汽机为标志的机器技术快速兴起，进一步解放了人类的双手，这一时期社会制度从封建社会向资本主义社会转变。

第四次产业革命：发生在19世纪末到20世纪初，物理学的繁荣发展，促进了制造业、交通运输业等兴起，资本主义社会从自由竞争向垄断资本主义过渡发展。

第五次产业革命：20 世纪中叶，伴随相对论、量子力学等现代科学的出现，计算机、网络、通信等核心信息技术进入到人类视野。高科技发展促进了劳动资料信息属性的发展，科技与生产力更加紧密地凝结在一起，开创了全球一体化的生产体系。人类社会开始形成包括各种不同国家政体、不同经济发展状况、不同意识形态主导、打破地区界限的国家联合体。与前几次产业革命相比，第五次产业革命直接提高人的智能。

三、对未来产业的深刻洞见

在总结五次产业革命的基础上，钱学森进一步发展了产业革命思想，从科技基础、社会生产体系的变革、社会制度等维度，

位于江苏省南京市江北新区的基因与细胞实验室

预测了即将到来的第六次、第七次产业革命。

第六次产业革命：即将到来。科技革命的基础是，以微生物、酶、细胞基因等科学成果为代表的生物科学与生物工程技术的飞速发展；社会生产体系的变革是，以太阳光为能源，融生物、水、大气，农、林、草、畜、禽、菌、药、渔、沙、海等产业于一体的生产体系形成。城乡差别逐渐消失（第一产业逐渐变成第二产业，第二、三、四产业相互促进）；社会制度上形成从资本主义向社会主义过渡的世界社会形态。

第七次产业革命：将于 21 世纪的后 50 年开启。科技革命的基础是，以人体科学（包括医学、生命科学等）为主导带动各种科学技术飞速发展；社会生产体系的变革是，人的体质、功能、智能大大提高，先进的科学技术与设备促成组织管理革命；在社会制度方面将开创世界大同的人类新纪元。

钱学森对于科学革命、技术革命、产业革命和社会革命的研究是一种面向未来的大思想、大战略、大谋略，是对社会发展规律的深刻洞察与超前洞见。

第二节

“小信息”引发“大浪潮”

信息可以换作“情报”，在外文是一个词。但我感到，“信息”也好，“情报”也好，实质上是充分利用人类创造的全部精神财富，即知识。我们以前说，科学技术是生产力，现在还要扩大一点，人类的全部精神财富都是生产力。但是，要看你会不会用，用得是不是及时。核心的问题，不是我们今天在哪项技术，哪项窍门里，赶上去了；而是整个的技术，整个人类的精神财富能不能及时地掌握，并在需要的时候一下子就可以拿得到。这个是我们迎接新的技术革命，或者说迎接将要出现的一次新的产业革命中的一个核心问题。所以，知识、智力的开发，是头等大事。

——摘自钱学森

《关于新技术革命的若干基本认识问题》

一、第五次产业革命的核心是信息

钱学森认为，第五次产业革命的核心是信息（情报）。电子计算机、激光技术等的出现，颠覆性改变了信息工作手段，全球化的信息体系迎来历史性变革。今天，基于计算机网络、卫星通信系统、用户终端的一体化互联互通已成为现实。钱学森 30 多年前对新世纪的预言与期待已在中国和世界大舞台上一一展现。

1994 年，戴汝为、于景元、钱学敏等人发表《我们正面临第五次产业革命》一文，对钱学森总结的第五次产业革命的核心特征进行了较为全面与深刻的阐述。文章指出，从第一次产业革命到第四次产业革命是机械革命，对划分社会生产时代具有决定意义的特征是劳动资料的机械的、物理的和化学的属性。到了 20 世纪中叶，电子信息技术的出现引发了新一轮技术革命，即信息革命，其核心是劳动资料的信息属性，这标志着现代社会生产已由工业化时代进入信息化时代。

信息技术的出现向人类敞开了一个通向未来的窗口，大数据、云计算、人工智能等技术的出现，正将信息革命引入新的高潮。今天，随着数字经济的发展，物理产品的规模化增长已经发生了根本变化，数据、信息和知识成为推动经济增长的关键要素，甚至在某种程度上成为比土地和资本更重要的生产要素。

从《全球数字经济新图景（2020 年）》白皮书公布的数据来看，2019 年中国数字经济增加值规模达到 35.8 万亿元，占 GDP 的 36.2%，增长速度几乎是同期 GDP 增速的两倍。未来，5G 等技术将为万物互联提供直接动力，使每平方公里终端互联数量从上千台扩展到上百万台。根据梅特卡夫定律，“一个网络的价值与它的节点数目的平方成正比”，可以想象，我们日常生活、科研生产、管理实践等海量的数据会越来越多地产生、存储、流动于网络世界，网络空间形成了一个与物理空间相连接，却又独立于物理空间的数据空间。在这样的大背景下，实现传统产业“物理-数字-网络-智能-智慧”的转型升级势在必行。

——物理阶段：人们构建了机器这样的人造系统（物理实体），例如纺纱机、蒸汽机、内燃机等。自动化生产解放了生产力，人开始从繁琐的、机械的劳动中得到解放。随着生产力的提高、资本的集聚，继续扩大再生产，工业进入社会化大生产阶段，企业生产效率大大提高。这是信息化、数字化的载体和依托。

——数字阶段：通过工业化与信息化的融合，人们为底层的物理系统做出数字孪生系统，实现物理世界到数字化虚拟世界的精准映射，解决互联互通互操作的问题，实现企业内部资源优化，解决整体优化配置的问题。现在大部分企业都在进行数字化转型，并向网络化、智能化探索。数字化是网络化、智能化的基础和前提。

——网络阶段：依托于网络，将数据转化为信息，实现更透彻的感知和广泛的连接，让企业实现端对端的价值链业务模式创新与组织再造，解决社会化资源大范围的动态配置问题。实现万物互联是大势所趋、众望所归。

——智能阶段：依托于人工智能、大数据等新一代信息技术，将信息升级为知识，形成自组织、自适应的系统，充分发挥机器的逻辑思维能力与超强的计算能力，解决资源大范围内外部协同动态精准配置问题。例如，通过计算、学习与分析，分析数据背后的知识与特征，并据此改进设计、优化生产、调配资源等。

——智慧阶段：这一阶段将知识升华为智慧，其最突出的特征是人机融合、人网融合、以人为主，把机器的逻辑思维优势、计算优势与人的形象思维优势、创造性思维优势有机结合起来，创造比人和机器都高明的“新人类”，实现 1+1 ＞ 2 的效果。

我们看到，如今人工智能开始逐渐渗透到各行各业，重塑产业甚至社会。例如，无人驾驶汽车、人工智能主播、阿尔法狗、机器人索菲亚获得公民身份等。很多人认为人工智能时代已经到来。但是必须明确的是，以上这些不过是最大限度地发挥了机器

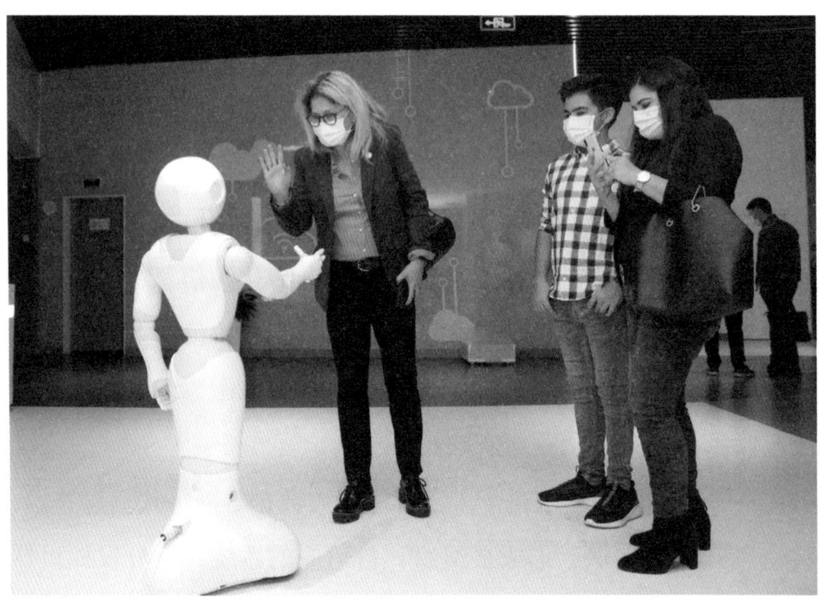

海外参观者在中国国家大数据（贵州）综合试验区展示中心与 5G 智能机器人互动。

的计算优势。人工智能仍是“有计算、没算计，有智商、没情商，有智能、没智慧”，距离人本身的智慧还差得很远。

从人工智能发展的三大核心要素（机器、算法和算力）来看，机器能够更好地发挥作用，是通过算力和算法的不断优化（机器“逻辑思维”优势）来实现的，但无论算法如何优化，它都是人为的预先设定，这使得机器不能、也不可能产生形象思维和创造思维。正如爱因斯坦所说：“创造并非逻辑推理之结果，逻辑推理只是用来验证已有的创造设想。”换句话说，智能是改变世界的工具，人类的智慧才能真正引领未来。是否以“人”为核心，就是智能阶段与智慧阶段的根本区别所在。

二、宏观上，让天地网络告别“公地悲剧”

如同母体滋养着胎儿、道路承载着车辆，网络是实现工业互联、万物互联的前提与基础。苏联“航天之父”齐奥尔科夫斯基曾说过：“地球是人类的摇篮，但人类不可能永远被束缚在摇篮里。”人类从陆地走向海洋，从天空走向太空，网络格局也已发生深刻变革。

网络空间发展从以地面网络为核心的互联网时代，进入到太空网络时代，打造“天地一体化网络”提上日程。各航天大国，甚至私人航天企业，纷纷布局天基网络，抢占天基网络资源。从早期的 Inmarsat 系统、铱星系统和 TSAT 计划，到近年来的欧洲 O3b、Oneweb、SpaceX，莫不如此。据预测，未来几年全球将发射约 7000 颗小卫星。太空领域不可避免地出现“公地悲剧”现象。就像在一块公共草场上，每个牧民都想增加自己羊群的数量，但这样做必然导致草场持续退化，直至无法养羊，最终破产的还是牧民整体。

在我国，空间信息网络日益得到决策层关注。2013 年，工信部启动了“天地一体化网络”研究计划，国家自然科学基金委启动了“天基综合信息网络”重大研究计划。2016 年，“十三五”规划将“天地一体化信息网络”列入“科技创新 2030 –重大项目”。截至目前，我国天地一体化的研究取得了长足进展，并在诸多层面取得突破。我国卫星通信系统、导航系统和遥感系统经过几十年独立自主发展，已经形成一定建设规模，在轨的通信卫星十余颗，覆盖范围包括中国、亚太、中东、澳大利亚、欧洲、非洲等地区；“北斗”导航系统全球星座部署全面完成，正式全球组网。我国已初步形成高分、资源、气象、海洋、环境减灾卫星遥感体系，遥感进入亚米级“高分时代”。

然而，我们也不得不承认，无论是全球还是一国的“天地一体化网络”建设，都还存在着部门化、割裂化、狭隘化的问题，在一定程度上存在天上、地下做加法的简单逻辑。一是天、空、地网络存在壁垒，不同的卫星采用不同的天地协议，人力、物力等多方面存在不必要的浪费；星上、星地、地面三部分传输协议尚未进行一体化设计，系统可靠性和操作维护效率很低。二是“通导遥”等卫星系统自成体系，功能单一，结构规则、运行依赖于地面，现有卫星体系覆盖能力有限，体系协同能力弱，空间信息资源综合调度、资源共享、分发服务能力不足，应用产品体系不完善，未形成面向市场的空间信息服务能力，无法满足实时性、综合性的网络服务需求。三是“军民商”星座资源各自为营，不

2020 年 6 月 23 日 9 时 43 分，第五十五颗“北斗”导航卫星（即“北斗三号”最后一颗组网卫星）在西昌卫星发射基地点火发射成功，标志着“北斗三号”组网圆满收官。

利于空间基础资源的统一管理、高效共享和综合利用。从我国来说，卫星用户仍局限于少数政府行业部门，国产卫星数据市场占有率较低。

网络空间是一个开放的复杂巨系统，面对当前的新发展、新特点、新趋势，面对挑战与困境，我们要从更高起点布局网络空间的未来，必须运用体系化的方法进行顶层设计和整体布局。为此，钱学森智库于 2016 年提出了“星融工程”构想。“星融工程”

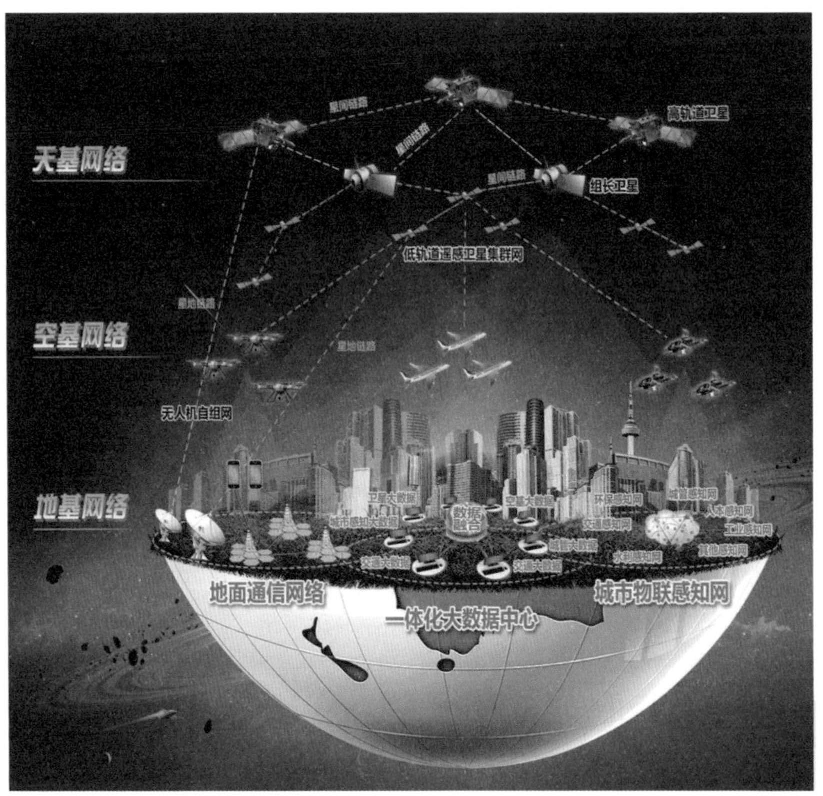

“星融工程”体系架构

是一个以天基网络为核心建立的天基、空基、地基多网一体，星间、星地、星船泛在互联，天、空、地多维全域空间覆盖的自主可控信息网络系统。具体而言：

一是建立一个网络空间全球治理体系。当前，在网络领域，特别是空间网络领域，尚未建立起一个集中统一的管理体制机制，各种国际规则较为分散。在天、空、地网络“三足鼎立”的时代背景下，各国应该共同参与，在国际层面（如联合国框架下）建立起一个促进网络发展的治理框架：统筹天、空、地各层网络资源，实现时空复杂网络的一体化综合处理和最大有效利用；统筹军、民、商各类星座资源，实现空间资源的统一高效管理；统筹通导遥各类卫星资源，形成高效的一体化卫星综合服务能力。以此实现网络科学规划、设施合理建设、资源高效分配、信息公平利用，为构建全球网络空间命运共同体建立管控基石。

二是建立一个共通网络协议。不同的网络有着不同的物理通信环境。当前，“天地一体化信息网络”的网络协议体系主要包括地面网络普遍采用的 TCP／IP，以及空间网络采用的 CCSDS 和 DTN。但是，TCP／IP 协议不适应空间链路特点，CCSDS 无法与地面网络直接互操作，DTN 仍处在研究阶段，尚未开发出具体的路由算法。因此，为解决较长的传播时延、较高的误码率、非对称的链路、动态的拓扑关系、异构的网络环境、高度受限的星上资源、安全性差等诸多特殊挑战，必须建立一个“天地一体化网络”协议体系。

三是建立一个共享资源平台。“星融网”将面向军、民领域应用需求，建立天空地海一体化决策指挥平台，实现“监测、预警、响应、处置、评价”整体功能。在军用领域实现发现到处置的无缝对接，赢得先发优势；在民用领域实现城市民情、政务、交通、环境、能源、水资源等信息预警监测与管理，特别是保障重大突发事件的应急管理，构建“平战结合、平灾结合”，集监测防控、预测预警、指挥调度、应急保障、模拟演练于一体的应急体系，实现处置突发事件的敏捷化。

简而言之，“星融工程”旨在实现天空地、通导遥、军民商等三大统筹，提供“全域无缝覆盖、全维均衡服务、全元随遇接入、全时随心而至”的高智能融合信息服务，最终建立“共建、共享、共管、共治”的全球网络空间命运共同体。

三、微观上，让顶层决策告别“胸中无数”

毛泽东曾明确指出，要拿战略方针去指导战役战术方针，把今天联结到明天，把小的联结到大的，把局部联结到全体，反对走一步看一步。这表明发展要具有全局性、整体性、系统性思维。

2020 年，习近平总书记在杭州城市大脑运营指挥中心，观看“数字杭州”建设情况。他说，通过大数据、云计算、人工智能等智能手段推进城市治理现代化，大城市也可以变得更“聪明”。从信息化到智能化再到智慧化，是建设智慧城市的必由之路，前景广阔。

兰德公司的研究显示，每 100 家倒闭的企业中，有 85 家是因为决策错误所致。在没有机器辅助决策的年代，管理者主要依靠自身的经验与知识进行判断和决策。而今，市场环境变幻莫测，行业技术变革日益加速，竞争对手常常来自行业之外，很多不确定因素都会使决策者变得摇摆不定，如何在短时间内做出正确、有效的决策，难度越来越大。特别是随着国际合作日益紧密，生产要素在全球流动加速，无论是国家还是跨国企业，对全球市场环境的把握，对技术研发方向的预测，对竞争对手动向的判断，对客户需求的捕获，这些都是必须面对和解决的问题。事实上，在大数据时代，我们面临的不是缺乏数据，而是“数据成堆，情报匮乏”的困境。如何从众多来源、实时更新、海量数据中迅速获取有价值的市场信息，进行数据提取、融合与分析，转化为辅助决策的参考依据？关键就在于将过去的“经验推断”转变为“模型推演”。

那么，如何利用第五次产业革命的成果，制造一个能够预知未来的“水晶球”，让我们从中洞见未来呢？这正是钱学森晚年一直关心的问题。他为解决开放的复杂巨系统问题，定制了一套决策支持体系，通过从定性到定量的综合集成方法，将人的思维成果，人的经验、知识、智慧以及各种情报、资料、信息统统集成进来，采取人机结合、人网结合、以人为主的技术路线，充分发挥人的作用，使集体的创见远远胜过单个个体的智慧，让决策者不再是“拍脑袋”“凭经验”，而是真正做到“运筹帷幄”“心中有数”。

决策支持系统的关键在于“数据”，难点在于如何挖掘“数据”价值。在这一点上，军事领域的研究应用往往走在技术发展的最前沿，战争形态由“信息化”发展到“智能化”，具有相当的启示与借鉴意义。1991 年的海湾战争，让我们第一次认识到智能化战争和全球精确打击体系的威力，让我们看到信息化战争和机械化战争的“代差”。美军在实施“沙漠风暴”行动前，对部队训练水平和可能的战争进程进行了大规模的兵棋推演，并根据推演结果提出了从沙漠中攻击伊军侧翼的方案，并据此制定实施了著名的“欢呼玛丽”行动，以极小的伤亡粉碎了萨达姆的“战争之母”计划。2019 年 10 月，兰德公司发布《美国海军陆战队的下一代兵棋推演》，旨在让美军运用兵棋推演来评估行动方案，以达到支持概念生成、作战支持能力发展以及决策支持等作用。需要指出的是，单纯的作战仿真是个相对简单的系统，而管理决策往往是一个涉及政治、经济、社会、文化、生态等众多要素的社会系统，其决策的难点在于有太多“人”的参与，这属于开放的复杂巨系统的社会系统工程问题。因此，坚持人机结合、以人为主，让冰冷的系统集成人的智慧，才能发挥出最大价值。

钱学森智库长期致力于新一代决策支持体系的构建，也就是运用“从定性到定量的综合集成方法”，打造以“六大体系，两个平台”（即思想库体系、大数据及情报体系、网络和信息化体系、模型体系、专家体系、智能交互体系；机器平台、指挥控制平台）为核心的管理“驾驶舱”，为决策者打造洞见未来的“水晶球”。

具体来说，思想库体系是“灵魂”，它为复杂问题的分析提供哲学思想及理论指导，以系统论思想为核心，集古今中外、天地四方之思想大成。大数据及情报体系是“五官”，它为仿真提供不同渠道“快、新、精、准、全”的信息输入，并分析处理，为仿真提供真实、一致、准确、完整的数据源。网络和信息化体系是“神经”，通过建立网络空间信息高速公路，打造“天空地一体化”的态势感知体系，实现物理空间到数据空间的精准映射。模型体系是“左脑”，相当于人的“逻辑思维”，根据不同应用领域，为方案设计与评估提供建模方法与模型库，并通过仿真推演，实现对应用场景的预测与评估。专家体系是“右脑”，相当于人的“形象思维”，集成跨领域、跨行业、跨系统、跨层级、跨地域专家的经验，通过跨界融合，形成强大智慧支撑。智能交互体系是“肌肉”，搭建“虚拟”与“现实”，是决策需求部门与决策支持部门的沟通“桥梁”。机器平台与指挥控制平台，是综合集成研讨厅、“六大体系”的运行环境与物理载体。

钱学森智库通过建设综合集成研讨厅体系，对解决开放的复杂巨系统问题提供科学、有效的途径；将钱学森总体设计部思想和从定性到定量的综合集成方法从理论层面延伸到应用层面，实

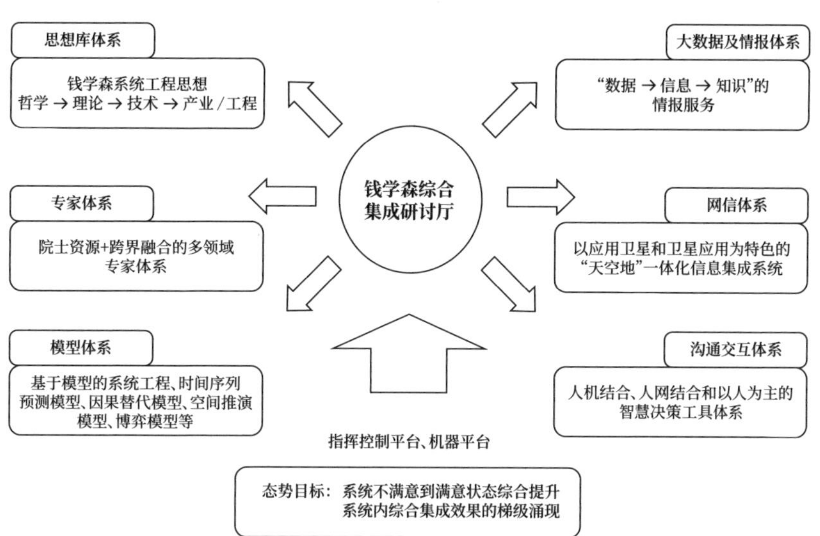

综合集成方法用于决策支持研究示意

现信息的集成、知识的集成、智慧的集成与涌现，提供科学、合理、有效的决策支持。无论是“载人航天飞船方案”的提出，还是“国家民用空间基础设施发展规划”的研究论证；无论是《中国的航天》白皮书，还是多个中国航天发展五年规划，这套体系都发挥了重要作用，提供了大量决策支撑。

第三节

大生物产业的未来之约

我们把农业真正放到现代科学这个水平上来搞，高度知识密集，技术密集的，高效能的大农业体系。农村小城镇化是什么？这就是消灭两个差别。城乡差别、工农差别消灭了，再加上刚才讲的知识的重要性，一个劳动者没有知识恐怕是不行了。所以，我说一个劳动者也是一个专家，他要有很丰富的知识。这个前景是在我们的时代，就要消灭历史形成的三大差别，而这个事情在我国是看得见的，恐怕到下世纪，到建国 100 周年时，就要实现了。

——摘自钱学森《工业革命的挑战和我们的对策》

一、第六次产业革命与生物科技

每一次产业革命，都在为下一次产业革命的到来奠定基础。以信息技术为核心的第五次产业革命，其最大成就就是激发了人类的创新力，促进了科学技术的飞速发展，并催生了第六次产业革命到来。

1984 年 5 月 10 日，钱学森在给国务院水电部吕宗耀的信中提出，第六次产业革命可能在 21 世纪的中国出现，是集知识和技术于一体的大农业体系。1984 年底，钱学森应中国农业科学院邀请，在中国农科院第二届学术委员会会议上作学术报告，后整理形成了《建立农业型知识密集型产业——农业、林业、草业和沙业》一文公开发表。这篇论文比较详细地阐述了他对第六次产业革命的思想。2001 年 10 月，原中国科协副主席刘恕和钱学森的秘书涂元季编辑出版了《钱学森论第六次产业革命通信集》，收录了钱学森从 1983 年到 1999 年间的 186 封通信和部分文章，集中展示了钱学森关于第六次产业革命的论述。

第六次产业革命的特征鲜明，明显区别于之前历次产业革命，主要表现在专注于延长生命周期的科学和相关产业。从相关科学来看，生命科学的突破、生命环境科学的进步、人文环境科学的发展等一切科学都以人为中心，一切不利于人类生存的副作用将被削减。从产业看，研究与开发将成为新产业革命的主要行业，逐渐从生产中分离，形成相对独立的新兴行业。从过去五次产业革命的过程来看，从科学到技术再到产业的循环中，存在着三者之间的非同步性，而第六次产业革命则表现为三者之间的融合，产业革命和科技的裂变效应同步进行。

第六次产业革命的周期要比过去五次产业革命更长，并且在整个周期阶段，还会不断出现新的、局部的、短周期的产业革命。

钱学森对第六次产业革命论断是，“以太阳光为能源，利用生物（包括植物、动物以及菌物）和水与大气，通过农、林、草、畜、禽、菌、渔、工、贸等知识密集型产业的革命”，它的“主战场是在比较贫困的田野、山林、草原、海疆和沙漠，不是在富裕的大都市”。第六次产业革命“就是要建立农业型的知识密集产业，所谓知识密集型产业，就是把所有的科学技术都用在生产上，靠高度的科学技术进行的生产活动”。

钱学森在提出“第六次产业革命”这一概念之初就意识到了其综合性、系统性、复杂性的特点，并结合当时中国实际国情，将生态农业、林产业、海产业、草产业、沙产业作为第六次产业革命的重点。此后，钱学森的同事、学生、助手以及很多学者不断阐述和完善钱学森的论断，就生物技术是第六次产业革命的核心进行论证，并且围绕生态平衡、生命科学、遗传基因等一系列问题展开了广泛研讨，把生物技术革命扩展到更深刻、更广阔的领域。

沙产业与草产业因其生产活动范围最具地域特征，形成了独特的产业结构。钱学森对沙产业的发展给予了特别的关注，他认为“沙产业实际上是未来农业，高科技农业，服务于未来世界的农业”。

多年来，无数基于当地实际情况成功推动沙产业发展的实例，都彰显着第六次产业革命论断的前瞻性和生命力。农业型沙产业将干旱极端的地点作为发展空间，放弃片面追求耕地面积扩大的极端做法，用智慧和技能经营干旱极端地区，种植生产出人民所需要的农作物，并产生经济效应。

内蒙古自治区是中国航天事业的发祥地之一，内蒙古各族人民不仅见证了祖国航天事业跨越发展的前进步伐，如今也在引领我国沙草产业的发展潮流：率先把“大力发展沙草产业”写进党委报告和《政府工作报告》、率先把发展沙草产业写进内蒙古“十一五”和“十二五”规划；率先注册通过“中国沙产业、草产业网”……内蒙古沙草产业的发展验证了钱学森第六次产业革命理论的科学性。

通辽市从2013年起通过由市水利部门组建的网络信息平台，将30万亩玉米地全部纳入用计算机网络技术遥控的膜下滴灌，达到了节水、省工、增产、节省肥料、提高收入的目的。为土地集约经营、集中管理创造了技术和社会条件。

2016年12月，南木林生态示范区与企业联手，开启生态观光产业园项目，一边发展种植业，一边保护生态环境。由此，当地经济效益和生态效益就完全结合了起来，企业在当地雇用村民，植树造林一个月的工资高达4000元。如今，南木林生态区风中的沙石明显减少。

2017年，扎鲁特旗采取“PPP模式”，在道老杜、乌力吉木仁、前德门、查布嘎图4个苏木建设百万亩集现代草业、现代农牧业、旅游业、新能源产业等融合发展的立体式国家级现代草牧业示范园区，吸引现代种养企业、农畜产品加工企业、大型餐饮企业入驻，形成现代农牧业龙头企业集聚区。

内蒙古沙产业的鲜活实践让人们深刻地认识到第六次产业革命沙产业理念的价值，“沙产业属于第六次产业革命，是21世纪才能开花结果的”。

二、为乡村振兴提供发展新思路

习近平总书记强调，我们要坚持用大历史观来看待农业、农村、农民问题，只有深刻理解了“三农”问题，才能更好理解我们这个党、这个国家、这个民族。改革开放以来，我国结合自身发展特点，走出了一条具有中国特色的农业发展道路。

当前，我国正在全面推进“乡村振兴”，这是“三农”工作重心的历史性转移。“三农”问题是一个典型的开放复杂巨系统问题，涉及农业、农村、农民，多要素、多层级、多领域。乡村振兴需要农村生产力的发展，科技革命将直接推动农村生产力的发展。第六次产业革命思想的远见卓识在于提出了对社会主义新农村建设具有重要意义的大农业革命的思想，其核心是生物技术。

近两年，特别是新冠肺炎疫情暴发以来，数字化转型正以势如破竹之势在全球迅速蔓延开来。然而，农业数字经济的渗透率仅为 8.2%，远低于工业的 19.5% 和服务业的 37.8%。《数字乡村发展战略纲要》中提出，数字乡村既是乡村振兴的战略方向，也是建设数字中国的重要内容。可以说，数字化具有重塑产业的“魔力”，能把沙子拧成绳子、把珍珠串成项链，在“物理世界”之外塑造一个“数字世界”，从体系层面解决“三农”问题、从顶层设计上推动“乡村振兴”，实现 1+1 ＞ 2 的效果。具体来说：

一是打造乡村振兴总体部，建设治理驾驶舱。运用从定性到定量的综合集成方法，打造数字化农业管理驾驶舱，建设数字乡村“智慧大脑”，实现对农业投入品精准投放、生产过程精准控制、农产品全程可追溯和全环节精益化管理，实现标准化生产和资源高效利用，促进全要素生产率提升，辅助科学决策，让人人做到“心中有数”，不再依靠经验“一叶知秋”，而是依靠数据来“科学管控”。

二是第一、二、三产业融通发展，发展大生物产业。运用数字技术和理念，形成全产业链的集成与带动，使市场信息透明化和公开化，打破小农户与现代产业之间的壁垒和藩篱。搭建大生物产业数字化平台，实现种植机械化、生产数字化、产销互联化，实现第一、二、三产业融通发展。具体来说，包括四个环节：在种植环节，完成农民与资源互联，解决“三农”的基础问题，实现种植流程机械化、标准化；在产业深加工环节，引入资本，完成产业与资本互联，解决“三农”的动力问题；在产品销售环节，减少中间商，实现产地直销，完成产业与餐桌互联，解决“三农”的发展问题；在宣传环节，打造品牌 IP，完成农村与城市互联，解决“三农”的未来问题。

三是推动退伍军人再就业，培养其成为产业化工人。中国并不缺乏劳动力，缺少的是让劳动力与劳动相匹配的“平台”与“媒介”。让退伍军人进行再培训、再上岗，使他们成为产业工人，既可帮助退伍军人实现“二次创业”，创造更大价值，同时可解决农村的“空心化”问题。

三、构建人与自然的命运共同体

第六次产业革命的前瞻性和战略性在于它强调的生物技术革命是一个十分广义的概念，其中包含了人类生存涉及的整个领域。钱学森很早就看到了海洋状态变化、土地荒漠化、草原退化、沙区生态环境恶化等现实问题，这些客观问题不论是现在还是在遥远的将来，都是中国乃至全世界需要面临的世纪难题，将直接威胁人类生存。第六次产业革命正是在探讨人与自然和谐共生的重大历史命题。

有研究者将生物经济定义为交互更替的不同经济时代的生命周期，当前人类社会正在进入生物经济的第二阶段，也就是成长阶段，在这个时期，生物经济在空间上有了新的内涵，国际上已经逐渐将生物科技产业定义为农业生物科技、医疗保健、新材料和化学与环境。从规模和广度上看，生物经济比其他经济形态发展更加迅速，更加具备全球性和普遍性，有学者甚至指出“生物经济比以往任何经济形态更加强大，其强大程度估计可以超过信息时代，并将挑战人类对生命的根本定义。”（理查德·W. 奥利弗：《即将到来的生物科技时代：全面揭示生物物质时代的新经济法则》）2002 年出版的《第四次浪潮：生物经济》一书阐述了生物技术在农业、生物制药、计算机芯片、能源、节能环保、军事作战等众多领域的广泛应用，认为生物经济时代即将到来，该时代是一个全新的、能够改变人类自身生命存在的时代。

第六次产业革命获得广泛认同，是因为它同时提出了一般的理论问题和更重要的现实问题。2000 年第 4 期《经济展望》杂志曾发表文章，指出生物产业和生物工程是新世纪的发展动力，并将其描述为主宰 21 世纪的文明：“一场划时代、影响 21 世纪的新文明在全球范围内悄悄展开，这就是生物文明。当前的信息文明将在未来 20 年内结束辉煌时期，完成人类交流和沟通的重大使命，保证人与人的交往不再受到时空的限制。”

第四节

攀登科学界的珠穆朗玛峰

我们要研究人类如何认识包括自身在内的客观世界，认识之后，还要研究如何改造包括人类自身在内的客观世界。这确实是一项十分艰巨的任务。要进行这项研究，就要开辟一条新的途径……这个问题不简单，因为这涉及到人体本身，所以是物质和精神、客观和主观、大脑和意识的辩证统一的问题，这是最难最难的一个问题……我们大家要团结一致，同心同德，为这个光辉的前景——新的科学革命而共同奋斗！

——摘自钱学森《团结一致 迎接新的科学革命》

一、第七次产业革命之人体科学

钱学森大胆地预言，人体科学在21世纪将有巨大发展，人体健康的改善，将大大提高各行各业生产力中最重要和最活跃的劳动力要素，这将引发另一场产业革命，即涉及人体健康的第七次产业革命。这项工作无疑是科学界最艰深的问题之一，堪称“科学界的珠穆朗玛峰”。

当人类开始与疾病斗争，医学由此诞生。从古代的医学与教育思想中，都不难看出一种朴素的“整体论”思想。但是，从今天来看，无论是医学、生物学，还是医院、学校，无疑都刻上了“还原论”思想深深的烙印。

在生命科学领域，科学家沿着“人体与自然-人体-器官-细胞-基因”这样一种“越分越细”的道路走到了今天，破解了一个又一个有关生命奥秘的难题。如今，探究生命本质、人体健康的科学理论与社会实践日益繁荣，理论越来越多、学科越分越细，“细节”被无限放大，但是“整体”依旧不明。生物学对生命的研究已经到了基因层，但是仍然无法完全攻克癌症难题。

在临床医学领域，现代医学体现了一种典型的“局部治疗观”，注重病变处理和局部器官功能恢复。这种“治愈医学”模式在保护人类的健康以及对医学的进一步发展中确实发挥了重大的促进作用，但也造成医务工作者在防治疾病的过程中主要关注疾病的生物因素方面，忽视了人体自愈能力，更忽视了许多重要的社会因素作用，导致重治轻防、过度治疗等痼疾。

在教育领域，从学科分类来看，医学分为基础医学、临床医学、公共卫生与预防医学、中医学、药学等，每个学科下面划分出几种到几十种的下一级学科，尽可能延伸到每一个学科知识的“神经末梢”。但这样的分类也造成了学科分立和部门分割，把一个本应是相互联系的客观世界整体认识，人为地分割成互不联系的学问。这样的学科设置直接导致的后果就是我们能够培养出大批“专家”，却鲜有“大师”出现。

概括来说，关于人体的研究主要呈现出三个特点：思想还原化、理论微观化、视角拆分化。当把这些碎片化的认识进行“组合”之后，有时候却无法准确地反映事物的整体性质。正如斯蒂芬·罗思曼指出的，科学在理想与现实之间的差距——科学并不总是关于自然事实的理性的、无偏见的、客观的工具；在很多情况下，科学总是可塑的而又不确定的，而且并非总是无可争议的。还原论思想对认识物理、化学等领域的简单系统是有效的，但是，对于认识诸如生物系统、地理系统、社会系统等开放的复杂巨系统存在局限性。越分越细的还原论难以解决人体的整体性难题，难以解释复杂系统的涌现性问题，这让科学家不得不寻求新的科学方法论。

鉴于此，在关于人的研究领域，钱学森晚年倾注了大量心血，并创造性提出了建立人体科学和思维科学这两大科学门类，进一步扩展了人类知识体系的新疆界。人体科学和思维科学二者相互联系，又有所区别。思维科学专门研究人的有意识的思维，即人自己能加以控制的思维，下意识则归入人体科学的研究范围。

何为人体科学？钱学森在《再谈人体科学的体系结构》一文中明确指出，它是研究人体、保护人体正常功能并开发人体潜在新功能的学问。如同其他现代科学技术大部门一样，人体科学也分三个层次：基础科学、技术科学和工程技术。每一个层次又有许多门学问，都是一门门专科。每一个层次的学问各自独立、又相互关联。上一层次是下一层次的理论指导；而下一层次又为上一层次提供实践依据。具体来说，三个层次包括：生理学、心理学、精神学、中医理论等组成的基础科学；病理学、药理学、毒理学、免疫学等组成的技术科学；四种医学等学科组成的工程技术。

人体科学的哲学桥梁就是人天观。每个人的存在绝不是孤立的，他一刻也离不开周围的自然环境——空气、阳光和水等，也离不开社会。从系统观来看，人体是一个开放的复杂巨系统，研究人体科学一定要有系统观，要从研究人与客观世界相互作用这一点去研究包括人在内的整个客观世界。

那么，何为思维科学？思维科学是研究思维活动规律和形式的科学，其目的在于促进人脑潜力的发挥，以提高人们的智能和品德，适应时代发展的需要。思维可以分为逻辑思维、形象思维和创新思维。而且每一种思维活动都不是单纯的一种思维在起作用，往往是两种、甚至三种先后交错在作用。思维科学的建构与发展涉及广泛的科学技术领域，几乎需要整个现代科学技术体系中的知识以及广泛的实践经验，通过集知识之大成，得人类之智慧，也就是大成智慧学。这种集成利用现代信息技术和网络，采取人机结合、以人为主的方式，迅速有效地集古今中外有关经验、信息、知识、智慧之大成，总体设计、群策群力，科学而创造性地解决各种复杂性问题。在实践层面，就是推行“大成智慧教育”。

从问题导向、目标导向、结果导向出发，钱学森智库基于钱学森系统论和大成智慧学理论，提出“大成智慧工程”体系，即以钱学森大成智慧学理论为指导，以综合集成为主要方法，以“人-机融合、人-网融合、以人为主”为主要方式，创立科学、技术、工程、产业一体化的健康及教育发展模式，推动创新型、复合型人才的冒尖涌现。具体来说，研究“人”这个开放的复杂巨系统，

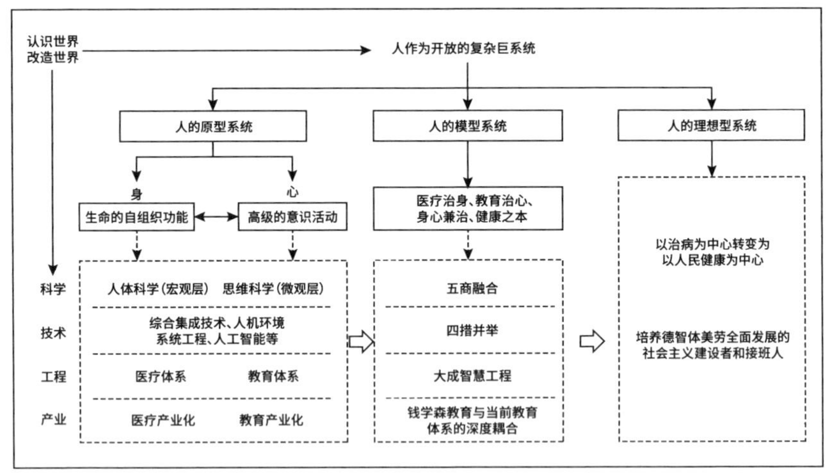

“大成智慧工程”理论及实践体系

主要是研究“身”“心”两大部分的功能、结构及其相互作用的“涌现”过程。这两个层面均有各自的科学基础、技术方法和工程实践体系，同时相互依存、互联互通，对丰富发展具有中国特色的教育理论具有重要意义。

二、跳出“治愈医学”思维定式

钱学森指出，人体科学的研究对象是人体本身，“人体系统是一个巨大的系统，它包含了许多层次，最高层次是整个人体，这样一个巨大的系统与周围的宇宙一起工作，也就是说，它不是一个封闭的系统，而是一个开放的系统，在整个宇宙中相互联系。”系统观是人体研究的重要理论基础。钱学森曾多次强调，“要用系统科学的方法来研究人体科学”，系统科学作为成熟的方法，能够在人体科学研究中提供较为科学的依据和客观指标；通过系统的理论和方法对人体科学展开研究，才能更好地将其置于现代科学之列。因此，从某种程度上说，钱学森对第七次产业革命的研究是建立在系统科学飞速发展的基础之上的。

（一）以系统的思维看人体

钱学森认为，人体系统作为一个开放且复杂的巨系统，是一个具有高级心理活动的生命系统。人体系统的复杂性不仅在于组成人体的各生物分子单元具有复杂多样性，且这些单元间错综复杂的相互作用形成不断动态变化的结构和功能；同时，人体系统也与外界有着千丝万缕的联系，这种联系是人与客观世界的统一的充分体现。钱学森也曾指出，研究人体这样一个开放复杂的巨系统，必须采用从定性到定量的综合集成方法，具体来说就是将人体及外界多源异构的数据和信息综合起来，构建相应的数学模型，并依据实际情况给出边界条件，从而进行定量计算得出最终结论。

（二）以层次的观点看医学

钱学森将医学分为治病医学、防病医学、再造医学和超越医学四大类。也有人将“再造医学”称为“康复医学”，但钱学森认为，“再造医学”实际上是通过机械或工程的手段，对人体功能的恢复再造，例如，近视可以通过隐形眼镜来辅助改善，老化的骨头和坏死的皮肤分别可以用不锈钢、塑料等材料予以替代，所以“再造医学”是一种人体器官的重建，不适宜称作“康复医学”。第四种医学“超越医学”，是指挖掘人类日常所不普遍具备的功能。上述四种医学都涉及中医、西医、中西医结合、民间医学、心理治疗等多个领域。钱学森认为，临床医学可以很好地涵盖上述各个方面，有助于开展关于人类健康的研究。

（三）以产业的理念看健康

钱学森曾预见，中国会在21世纪50年代开始进行关于全民体质建设的一场革命，这将是医学领域的重要改革，从而引起巨大的生产力变革，即第七次产业革命。

如何进行这场改革？就是通过从定性到定量的综合集成方法，来解决医疗卫生领域中的关键问题。具体来说，首先要有一个高效、精准且全面的测试诊断系统，确保能够迅速掌握一个人的身体健康状况。其次，要有全部患者完整的历史医疗记录，且相关记录可以实现互联互通，便于医生随时查看。再次，医生也要从对患者“望闻问切”中获取更多的即时信息，并结合历史医疗记录，来提出精准医疗方案。最后，实施精准治疗时要通过西医、中医、针灸、推拿、电子治疗设备等多种手段多管齐下。

钱学森系统健康思想观已成功在健康领域得到广泛实践，为全面推进“健康中国”建设提供了重要支撑。中国生物医学工程学会在钱学森健康观的基础上，经过多年对医学问题的深入研究，提出了“人类健康工程”这一新的理念，其核心思想是要不断提升人体复杂巨系统的稳定性，并将关注重点从“疾病”转向“人类”，更多地关注人体在与外界环境不断联系过程中功能状态的变化。要通过“动态调节”的方式，而不是“治疗”的方式，来使得人类不断适应环境的变化，不断增强复杂人体系统的自组织功能，从“去除疾病”转向“促进健康”。“感知人类生命信息、识别人类健康状况、调节人类健康状况”三者共同构成了人类健康系统工程的核心内容，人类健康通过这三者在系统中相互作用得以维持和改善。

当前人类健康工程最为主要、最为迫切的目标就是解决慢性疾病问题，这也将为世界范围内的医疗改革作出重要贡献。

第五节

“钱学森之问”的新时代解答

大成智慧的核心就是要打通各行、各业、各学科的界限，大家都敞开思路互相交流、互相促进，整个知识体系各科学技术部门之间都是相互渗透、相互促进的，人的创造性往往出现在这些交叉点上，所有知识都在于此。

——摘自钱学森1994年4月1日与钱学敏的谈话

一、教育之道：“集大成，得智慧”的时代之光

1949 年，中国全国 5.4 亿人口约有 80% 不识字。截至 2018 年，全国九年义务教育阶段入学率超过 99%。2019 年我国印发的《中国教育现代化 2035》中明确提出：到 2035 年我国总体实现教育现代化，迈入教育强国行列，推动我国成为学习大国、人力资源大国和人才强国。

过去的 70 多年，中国解决了公民的教育缺失问题，让几亿

人撕下了“文盲”标签；接下来的几十年，中国教育的重点将从人才培养的“数量”转向“质量”，其核心是推动创新型人才的不断“涌现”。

那么，创新型人才的成长规律和培育规律究竟是什么？钱学森智库尝试运用钱学森的大成智慧教育思想进行解答。

钱学森所倡导的“大成智慧学”就是教育、引导人们如何陶冶高尚的品德和情操、尽快获得聪明才智与创新能力的学问。其目的在于使人们面对各种变幻莫测、错综复杂的事物时，能够迅速作出科学而明智的判断与决策，并能不断有所发现、有所创新。“大成智慧”的要义就是：集大成，得智慧。

按照钱学森的说法，“集大成”的对象主要是现代科学技术体系（人类知识体系）中广博的科学技术知识，还有体系外围的前科学（经验）知识库，这是能够“得智慧”的科学基础和知识源泉。大成智慧的核心就是钱学森与钱学敏谈话中提到的那一段。

现代科学技术正朝着既高度分化、又高度综合的方向演进。约 400 年前的科学革命开启了“还原论”的时代，近代科学技术建立并不断分化，学科越分越细，教育越来越专业化，是典型的“小科学”时代。今天，科学技术走到了相互融合的“大科学”时代，教育就需要适应时代的要求，用一种打破学科壁垒、实现相互融合的方式进行，提高人才培养的“质量”，为中华民族的伟大复兴、为人类的进步发展培育杰出人才。

二、教育之法：“五商融合”激发创新思维

创造性思维既植根于人们的感知、记忆、思考、联想、理解

等基础能力，又发散于综合性、探索性和求新性特征的高级心理活动。一项能够被世界所接纳、被人们所认可的重大创造性思维成果的获得，往往需要经历漫长的探索、刻苦的钻研、知识的累积和素质的磨砺。很显然，激发创造性思维是一项复杂的系统工程，依赖于人们的多"商"发展与融合。其中，最为重要的就是智商、情商、健商、位商、灵商的"五商融合"。

智商，是人们认识客观事物并运用知识解决实际问题的能力。智商的核心体现在逻辑思维的开发与运用。

情商，主要代表着与人交往、相处、沟通等多方面的能力，以及对自己情绪的控制力。

健商，主要就是人的健康体魄。在现代社会和科技竞争日益激烈的情况下，拥有健康体魄是人才自身发展的必备前提。

位商，也就是人在一定水平的智商和情商的基础上，具有迅速且准确判断自身在周围环境中所处的地位，以及制定恰当的人生阶段或整体性决策的能力。

灵商：即灵感智商，并非虚无的妄想，实际是指一种智力潜能，是对事物本质的灵感、顿悟能力和直觉思维能力。阿基米德洗澡时获得灵感最终发现了浮力定律，牛顿从掉下的苹果中得到启发发现了万有引力定律，凯库勒因蛇首尾相连的梦而发现苯环结构，都是科学史上灵商飞跃的不朽例证。钱学森说过："灵感是潜意识，当酝酿成熟时突然沟通，涌现于意识即成为灵感。""灵感这种思维往往表现为灵感或意念的突然闪现过程或悟性的涌现过程"。世界潜能大师博恩·崔西曾说过："潜意识的力量比意识要大三万倍。"20 世纪 90 年代，英国人达纳·佐哈、伊恩·马歇尔夫妇也提出了灵商概念，并认为灵商是人类的终极智力。可以这样说，灵商就是新思想、新观点的“涌现”，是无中生有、有中生新，是人类创新的源泉。

“五商”各有其特点，但“五商合一”才是全面激发创造性思维的关键。创新型人才要在“五商融合”的基础上得以发展，尤其要注重灵商，灵商是人类智慧的终极涌现。

三、教育之术：“四措并举”涌现创新人才

钱学森智库以打破学科界限、实现跨学科交叉融合为教学改革的着力点，培养“德智体美创、理工文艺哲全面发展，人机融合、人网融合”的人才，探索总结出了造就创新型人才的“四措并举”保障体系。

零岁起步：铸就创新基因。杰出创新人才的培养，应当从“娘胎里”起步，也就是在“生命形成、生存炼成、生活养成、生产有成”这人生早期必经的四个阶段，通过获得最佳的教育，来解决“融入世界、感知世界、认识世界、改造世界”四大问题。

人机融合：打破教学困境。计算机及信息技术将人从存储和计算中解放出来，人类将把主要精力放在创造思维涌现上。届时，绝大多数的机械记忆、重复性劳动将被淘汰，取而代之的是创造性思维的飞跃。以此可以优化传统的教育模式，补偿教育发展的缺失。

德行统一：实现知行合一。大成智慧人才培养的关键，还在于学生的品德与精神，正如钱学森所言：“一个科学家，他首先必须有一个科学的人生观、宇宙观，必须掌握一个研究科学的科

学方法。这样，他才能在任何时候都不致迷失道路；这样，他在科学研究上的一切辛勤劳动，才不会白费，才能真正对人类、对自己的祖国作出有益的贡献。”

科艺并重：迈向大成智慧。钱学森曾说：“人的智慧是两大部分：量智和性智。缺一不成智慧！”现代科学技术体系中有十个科学技术部门的知识是性智、量智的结合，主要表现为量智，激发人的逻辑思维；而文艺创作、文艺理论、美学以及各种文艺实践活动，也是性智与量智的结合，但主要表现为性智，激发的是人的形象思维。钱学森曾高度评价夫人蒋英从事的音乐事业对他的重要启发。他说，正因为我受到了艺术的熏陶，所以我才能够避免死心眼，避免机械唯物论，看问题能够更宽一点、活一点。历史中这样的案例不胜枚举。如果只懂文艺不懂科学，就只能认识事物的整体而不能认识事物的内涵；如果只懂科学不懂文艺，就只能认识事物的内涵而不能认识事物的整体。因此，坚持科学与文艺相融合是激发灵感的重要源泉，是科技创新人才成长的重要规律之一，是成为大成智慧者、杰出人才的必要条件之一，也是建设创新型国家必须认真研究的一个重要规律。

四、教育之器：大成智慧教育的创新实践

2020 年 9 月，习近平总书记主持召开教育文化卫生体育领域专家代表座谈会，强调要坚持社会主义办学方向，把立德树人作为教育的根本任务，发挥教育在培育和践行社会主义核心价值观中的重要作用。同时指出，促进学生“德智体美劳”全面发展，培养学生爱国情怀、社会责任感、创新精神、实践能力。坚持社

会主义的办学方向，就要用具有中国特色的社会主义思想理论体系、实践体系来指导、发展和完善教育事业。

钱学森智库倡导的“大成智慧教育”，就是用中国的理论回答中国的问题，用中国的方案提升中国的教育。“大成智慧教育”体系就是希望通过一点一滴的探索、实践，逐步优化教育体系，为新时代教育提供“第二发动机”，让教育事业“顶层设计和基层探索相结合”，为实现教育现代化砥砺前行。

第一，如何调动学习的原动力？大成智慧教育的做法是变“玩物丧志”为“玩物尚志”。兴趣永远是最好的老师，内驱力对人带来的激励永远大于外驱力，二者需要相互结合、相互促进。

2020 年 11 月，第三届全国钱学森班（院、校）工作论坛在郑州召开。

为了激发学生的原始兴趣，我们基于航天技术，打造了航天科技体验中心，将科普教育与休闲娱乐有机结合，把航天领域的研究硕果及未来航天发展设想以“寓教于乐”的方式进行传播，让学生在科普教育与沉浸式体验中学习科技知识、感受航天精神，从小培养孩子的科学素养，激发青少年探索宇宙的热情。例如，通过对火箭的设计、制造、发射、应用、返回等全周期亲身体验，解密航天活动，使学生离开冷冰冰的电脑或电视屏幕，从先进科技的“旁观者”变为“参与者”，甚至“主导者”，培养他们对科技、对宇宙、对未知、对未来的深层探索兴趣。

目前，体验中心已在北京、辽宁、陕西等近十个省份落地生根，成为当地有影响力的航天科普场馆，为公众提供最新最极致的航天科技体验与航天知识学习的场所。

第二，如何促进知识的集大成？大成智慧教育的做法是变“学科分立”为“学科融合”。“钱学森班”实施跨学科通识教育，为品学兼优的学生创造不设“天花板”的成长空间，培养基础知识宽厚、兼具科学创新能力与综合人文素养的拔尖创新人才。以某高校“钱学森实验班”为例，课程架构按照钱学森现代科学技术体系的11大门类进行设计。通俗地说，就是要求学生们成为既通晓天文地理、又擅长琴棋书画的全面型人才，重在培养学生的系统集成能力、思维能力、实践能力和创新能力，以及可持续发展的自我学习能力。这些学生根据学科兴趣单独编班、独立授课，以通识教育为主，选修基础课程和专业课程，重点加强学生理性思维能力、数学建模能力、物理洞察能力等培养，已经取得了积极成效，还在不断完善提升。

第三，如何实现灵商的涌现？大成智慧教育的做法是“科艺融合”“德行统一”。通过音乐、美术、影视等课程，把更多美术元素、艺术元素应用到课堂上，让学生具有对“美”的感知能力和鉴赏能力；通过开展形式多样的艺术节、文化节等活动，让学生的内心变得充盈而温暖，坚韧又柔软，让学生在充满艺术气息的环境中获得内心的滋养。通过让学生们参观钱学森生平展、航天历史科普等内容，将航天科学的累累硕果与航天英雄们的光辉历史以“声光电”的形式进行展现，让学生在真实的体验中了解航天事业的艰辛不易，增强民族自豪感，养成正确的世界观、人生观和价值观。

面对世界、面向未来的教育究竟要培养出什么样的人？“爱因斯坦式”的思想巨匠，“爱迪生式”的动手能力极强的大发明家，“钱学森、冯·卡门式”的科学帅才，“雷锋式”的甘于奉献、勇于担当的接班人……都是人类发展最需要的。

第六节

跨越时代的思想共鸣

在共产党的领导下，全中国人民团结起来为建设社会主义而奋斗。现在的问题是怎么建设我们的社会主义。我们不仅要看到现在的20世纪80年代，还要看到本世纪末。这还不够。因为到了2000年我们的人均生产总值还落后于世界上发达国家，要到21世纪中叶才行。从现在算起还有60—70年。我是个老人了，看不到了，希望诸位能够看到。我们要争取有个和平建设时期，抓紧这个机会，把我们的社会主义建设搞上去，到了中华人民共和国成立100周年（2049年）的时候，国家人均产值能够接近当前的世界先进水平。

——钱学森于1987年3月访英期间所作报告

一、像设计建筑一样科学地治理社会

针对社会问题，钱学森提出运用系统科学思想、方法理论和

技术去研究，并指出社会或国家都是开放、复杂、庞大且特殊的巨系统，即社会系统。通过系统科学理解社会，不仅是对社会现实的科学概括，更开辟了新的途径、方法去研究和解决社会问题。

1979 年，钱学森与乌家培在《组织管理社会主义建设的技术——社会工程》一文中，将系统工程组织与管理的思想和方法扩展到社会的组织管理，提出了国家组织与管理的技术问题，并对社会工程的对象和任务进行了系统的论述。他们认为，社会工程是改造社会、建设社会和管理社会的科学方法。同时指出，社会工程是系统工程领域的一项技术，但是它的范围和复杂性在一般系统工程中是没有的。这不仅是一个大系统，而且是一个“巨系统”，一个包括整个社会的系统。这是钱学森第一次使用“系统工程”的概念来阐述他的社会管理思想。后来，他在一系列文章中阐述社会系统工程思想。随着钱学森对社会复杂系统的研究，这些思想得到了深化。

钱学森 1987 年在中央党校的报告中指出：为了实现社会主义现代化建设这一任务，领导决策必须科学化。怎样做到领导决策的科学化？除了领导者的马克思主义哲学素养外，还必须有科学的方法和实现这个方法的机构，因为现代科学技术是一个庞大的知识体系，任何个人都不可能全面地掌握；更何况在改革过程中，各种矛盾错综复杂，各种突发事件层出不穷。因而，组织和实施社会主义现代化建设这项伟大工程，就不仅要求各级党政干部具备马列主义理论修养和丰富的实践经验，而且要求掌握现代科学技术知识，学会现代化的预测、组织、管理、决策和领导的科学方法。

钱学森指出，必须研究、应用组织管理社会主义现代化建设的科学方法，以大大提高组织管理国家建设的水平。社会工程是从系统工程发展起来的，是关于整个国家的组织管理的科学方法与技术，它的对象是极其复杂的社会系统。通常讲的系统工程是工厂、企业、机构等单位，相对于社会系统而言是子系统。社会工程的研究、开发和应用关系到社会主义现代化的大局、长远发展和国家的长治久安。社会工程工作者的任务是根据党和国家制定的路线、方针和政策为依据，设计一个宏伟的方案，充分发挥社会主义制度的优越性，利用科学技术的最新成就，提出科学的方案。当然，事情总是在发展。根据新情况、新问题，应对正在实施的计划进行新的调整，并采取措施实现新的平衡。这种调整应通过计算机模拟获得结果并确定措施。

1990 年，钱学森等人《一个科学新领域——开放的复杂巨系统及其方法论》一文的发表，代表着钱学森系统工程思想发展的新阶段，具有里程碑性质的重要意义。这标志着钱学森对人体系统与社会系统的复杂度的新认识，他开始针对社会复杂系统探索相应的研究方法论与系统工程实践方法论，从而在社会系统工程研究上取得了一系列丰富的理论成果。

社会工程与自然工程的认识过程与认识方法是相同的，都是以科学原理为基础，以技术科学为中介，开发工程技术，在此基础上构建与实施工程。从社会科学到社会技术，再到社会工程，“要像工程师设计一个新的建筑一样，科学地设计和改造我们的客观世界”。由于社会系统的复杂性，社会改革过程呈现出非线性、多层次、多子系统、不确定性等特点，因而社会工程方法是保持社会发展、稳定、可持续必不可少的方法。

钱学森创建的社会工程理论和方法，是在系统工程的基础上开创的哲学、自然科学、社会科学、地理科学、系统科学与数学科学相结合的、关于中国进行改革与发展的、组织管理的科学理论和方法。钱学森认为，解决“如何组织管理现代化建设的问题”这个重大的时代课题，最有成效的方法就是把系统工程成功的经验，推广应用于现代化建设的各项事业。

中国的系统工程理论已经从过去处理简单系统、简单巨系统发展到处理社会复杂巨系统的新阶段。这些社会系统工程思想包含了尚未被充分理解、重视和消化的见解。这些思想对中国社会的发展和文明建设，对社会决策的民主化、科学化和社会组织管理的现代化具有重要意义。

二、钱学森系统思想由实践迈向实现

钱学森的科学思想，可谓东西方智慧融合的结晶，是人类智慧群山中一座巍峨壮丽的高峰。

一个周末，刚刚上班不久的孙子来看望退休多年的钱学森，谈起爷爷的先进事迹。钱学森说道：“我不认为你说我伟大的地方就是伟大的。如果我 50 年前那些事儿也叫伟大，你的要求太低了。你记住：21 世纪的爷爷将更伟大！”他更看重晚年取得的成果，认为这才是自己真正的创新思想。

马克思说：“哲学家们只是用不同的方法解释世界，而问题在于改变世界。”钱学森十分重视系统工程在我国发展历程中的应用实现。他在北京参加一次系统工程学术讨论会时讲：“系统工程可以解决的问题涉及到改造自然，改造、提高社会生产力，改造、提高国防力量，改造各种社会活动，直到改造我们国家的行政、法治等等；一句话，系统工程涉及到整个社会。系统工程是一项伟大的创新，整个社会面貌将会有一个改变。”

改革开放之初，钱学森关于系统工程提出的一系列新观点、新思想、新理论得到决策层的重视。很快，国务院有关领导就请钱学森前去作报告，主题就是如何用系统工程的方法管理经济，在宏观政策的制定中用数学定量分析的方法为决策提供科学依据。

为了将系统工程应用到国家宏观层次上的组织管理，促进决策科学化、民主化和组织管理现代化，钱学森曾多次提出建立国家总体设计部的建议。大量的事实已越来越清晰地表明这个建议的重要性和现实意义。系统工程在组织管理复杂巨系统和社会系统中的应用实现，是系统工程发展的新阶段。

2008 年 1 月 19 日，胡锦涛去钱学森家中探访，同 97 岁高龄的钱老亲切交谈，胡锦涛说道：“钱老在科学上建树很多，我学了以后获益匪浅。我给您举两个例子，一个是您的系统工程理论，我上个世纪 80 年代初在中央党校学习，看了您的报告，给我留下了非常深的印象。我到现在还记得，您在那个报告中讲，凡是要处理复杂的事情，都要从总体上去把握，要统筹兼顾各个方面的因素。现在中央提出来要科学发展，就是要统筹兼顾，要注重全面协调可持续发展。”

钱学森曾在中央电视台系统工程讲座中，特别强调系统工程的重要性：“系统工程在自然科学、工程技术与社会科学之间构筑了一座伟大的桥梁。现代数学理论和电子计算机技术，通过一大类新的工程技术——各类系统工程，为社会科学研究添加了极为有用的定量方法、模型方法、模拟实验方法和优化方法。”他表示，要在有生之年努力促进自然科学和社会科学的结合，建立一套系统科学体系，并将它运用于从整体上研究与解决社会主义现代化建设中的问题。他将朝这个目标积极努力。

进入新世纪以来，系统工程正在成为社会各界在现代化建设中取得最佳效益的科学方法。2020 年 10 月，党的十九届五中全会首次将“坚持系统观念”作为“十四五”时期我国经济社会发展必须遵循的五项原则之一，这是历史上第一次在中央的全会上提出“系统观念”，为新时期继承和发展钱学森系统思想、实践并实现钱学森系统工程理论、方法，提供了重要的历史机遇，钱学森系统思想必将在新时期焕发出更加灿烂耀眼的光芒。

三、新时代系统观：治国理政新征程

中共十八大以来，习近平总书记就“坚持系统观念”作出一系列重要论述和指示要求，指出“系统观念是具有基础性的思想和工作方法”。新时代系统观念的提出，充分体现了中国共产党在推进新时代中国特色社会主义伟大事业中，对中国共产党执政规律、社会主义建设规律、人类社会发展规律的深刻认识和把握。

历史上，中国共产党一直坚持实践系统观念。新民主主义革命时期，以毛泽东为代表的中国共产党人，通过实践认识和掌握了当时的中国社会发展趋势，提出了符合实际的方针政策和战略战术，保证了胜利。中华人民共和国成立后，中国共产党从全局着眼，适时提出了党在过渡时期的总路线等。改革开放初期，邓小平适时提出了切合社会发展的社会主义初级阶段基本路线。

进入新时代，系统观念继续指导实践。十八大以来，习近平总书记提出的关于中国特色社会主义相关的方针政策、战略布局，以及治国强军和深化改革总目标、新时期中国共产党建设的总要求等，均可说是系统观念和创新思维的结晶。习近平总书记对系统发展的方法论问题特别关注："提出全面深化改革要进行顶层设计和总体规划，拿出总体方案、路线图、时间表，增强改革的系统性、整体性、协同性；提出推动发展要统筹兼顾、综合平衡、把握重点、整体谋划、全面推进。"

系统观念是马克思主义哲学科学的思想与工作方法，是马克思主义哲学认识和实践的辩证统一。新时代系统观念是基于当前中国的实际情况，用系统思想去认识及解决社会问题，实现了微观原理探索和宏观规律把握的辩证统一。

人类社会是一个十分复杂的系统，涵盖政治、经济、文化、军事、生存环境、历史、意识形态、对外关系等，具有多样化、多元化和变化发展的特点。中国社会是人类社会的组成部分，推动中国社会系统的发展也是一个复杂的工程，需要用系统、普遍联系和变化发展的观念，从世界大环境着眼，认识中国所处的发展环境和当前的问题等世情国情，并制定符合中国实际情况的政策方针及发展路径。

新时代系统观念是解决当前社会主要矛盾的需要。当前中国社会的主要矛盾是人民日益增长的美好生活需要和不平衡不充分的发展之间的矛盾；我们需要从全局和历史的角度，以系统的观念，认识当前社会主要矛盾的根源、发展不平衡的原因、人民美好生活的需求，并通过调研和实践，从横向（全局）和纵向（历史）两个层面全方位掌握情况，纵览全局，抓住矛盾的主要方面，解决主要矛盾，推动经济高质量发展，并使人民能够共享发展成果，共享幸福生活。

新时代系统观念是实现中国社会协调发展的基本工作方法。习近平总书记指出，要注重增强系统性、整体性、协同性，使各项改革举措相互配合、相互促进、相得益彰。新时代系统观念以全局的思想和发展变化的眼光看待当前中国社会发展存在的各类问题，深刻认识各类问题的关联关系和发展趋势，并从问题的对立面入手找出系统解决当前各类社会问题的方法，顶层设计和整体谋划相结合，推动中国社会的协同发展。

第四章：小结

钱学森一生不断突破传统观念和思维方式的束缚，勇于探索科学的新领域，研究别人没有研究过的重大颠覆性问题。他的系统工程的思想理论方法，以其集大成的理论气度、开创性的理论洞见、划时代的理论贡献，必将赢得当前而领跑时代，源于中国而惠及四海，超越历史而洞见未来。正如一家外国媒体所评价的："作为伟大的科学家，钱学森属于20世纪；作为伟大的思想家，钱学森属于21世纪。"

让我们以钱学森先生的一段话作为本章的结尾，以此纪念这位伟大的人民科学家、思想家：

"我国社会主义社会对于系统工程的需要，犹如19世纪中叶资本主义社会对于工程技术的需要一样。那时，因为自然科学的发展，使千百年来人类改造自然的手艺上升成为有理论的科学，出现了工程技术。由于资本主义社会对工程技术的自觉应用，从而爆发了一场生产力发展的大变革。今天，系统工程的自觉应用将对我国社会生产力的发展产生变革作用。这或迟或早成为现实，取决于我们的认识。"

结语

1997年春，钱学森阐述了“大成智慧”的实质。他说：“‘大成智慧’，就在于微观与宏观相结合，形象思维与逻辑思维合用；既不只谈哲学，也不只谈科学，而是把哲学和科学统一起来。哲学要指导科学，哲学也来自对科学技术的提炼。这似乎才是我们观点的要害：必集大成，才能得智慧！”如果说人类的智慧是大海，那么钱学森所说的“大成智慧”就是这片智慧汪洋浓缩而成的一杯水——历经时光千淘万漉，最终凝成的耀眼结晶。

“大成智慧”是系统论的实际运用，而系统论本质上是运用唯物辩证法认识和改造客观世界的科学方法。唯物辩证法认为，世界是物质的。整个世界及其组成要素，是相互联系、相互作用、相互制约的“系统”，而构成这个系统的万物是普遍联系的。比如，时空和质能是物质存在的基本形式，世界上从未有过脱离时间的空间，也从未有过脱离能量的质量。自然界和人类社会都是系统。多个小系统构成一个中系统，多个中系统又构成一个大系统。但是系统整体不等于部分的简单相加，不同层次的系统会涌现出不同的规律。系统的发展，是其内部矛盾“对立统一”所引发的，而决定系统演化的因素，是其中起着支配作用的主要矛盾。运用系统论，就是运用唯物辩证法，用发展的、辩证的、系统的、普遍联系的观点去认识和解决问题，而不是用静止的、片面的、零散的、单一孤立的方法去观察和处理问题。

“历史是最好的教科书”。纵观人类文明史，凡是系统论思想闪光的年代，通常会掀起科学革命的巨大浪潮；凡是系统论思想暗淡的年代，科学的进步就像平静的池塘，至多只有微风吹皱的涟漪。特别是前者，在牛顿、达尔文、爱因斯坦、马克思、弗洛伊德等站在人类文明顶峰的巨人的身上，得到了淋漓尽致的体现。

“宇宙规律”的发现，得益于对“事物普遍联系性”的精准领悟。牛顿以其博大雄浑的哲学视野，把开普勒行星运动三定律（天上的力学）、伽利略的动力学研究（地上的力学）结合起来，融合他本人的数学天赋，“集大成、得智慧”，发现了万有引力定律。《自然哲学的数学原理》实现了“天上规律”和“地上规律”的大一统，让人类第一次认识到，象征神祇的星空原来也与人间的苹果落地遵守相同的规律。爱因斯坦以其汪洋恣肆的思想洪流，把庞加莱的哲学洞见、闵可夫斯基的非欧几何、高斯和黎曼的数学工具融会贯通，颠覆了机械的世界观，发现了广义相对论，让人类认识到“时间就是空间，质量就是能量”，“物质告诉时空如何弯曲，时空告诉物质如何运动”。如果没有对事物普遍联系性的深刻领悟，我们永远无法科学认识物质世界的本质规律。

“生命规律”的发现，得益于对“偶然蕴含必然性”的超前洞察。达尔文以其洞幽烛微的锐利眼光，发现了“物竞天择、适者生存”的进化论。所谓“物竞”，是微观层次的千万个体无时无刻不在发生基因突变的偶然事件，为物种演化提供了千姿百态的原材料；所谓“天择”，是宏观层次的种群沿着环境决定的确定方向演化，并且呈现出无法违抗、不可逆转的必然趋势。量子物理的奠基人之一薛定谔，在DNA双螺旋结构被发现之前，就在《生命是什么》中预言了“基因突变可能与量子跃迁有关”，并融合热力学的宏观必然性、量子力学的微观偶然性，来解释生命的本质，推动了分子生物学的诞生。如果没有这种统一了微观与宏观、偶然与必然的系统思维，人类就不可能在认识上实现“从无机到有机”“从简单到复杂”的飞跃。

“意识规律”的发现，得益于对“层次逐级涌现性”的清醒认识。精神分析学的开山鼻祖弗洛伊德，没有像当代人一样陷入所谓脑科学、认知神经学的窠臼。因为他清醒地认识到，所有的精神功能都是生命的，但不是所有的生命功能都是精神的；所有的生命功能都是物理化学的，但不是所有的物理化学过程都是生命的。从细胞到人体，再到精神和意识，每个层次都有一套规律制约；但是意识活动并不能完全还原到最初的神经部分。因此，每个层次都有完全不同的规律和探究方法。如果没有跳出还原论的束缚，就不会有人格理论、精神层次理论、性本能理论的诞生，人类对自身行为和意识的认识，就不可能像今天这样深刻。

“社会规律”的发现，得益于对“矛盾对立统一性”的深刻洞见。马克思创立的辩证唯物主义和历史唯物主义，揭示了事物发展的根本原因在于事物内部的矛盾性，事物矛盾双方又统一又斗争，促使事物不断地由低级向高级发展。一个系统，无论如何复杂，都有牵一发而动全身、决定系统发展的关节点，这就是起支配作用的主要矛盾。系统的较高层次涌现出较低层次不具备的特性，本质上是微观和宏观不同层次的矛盾，决定了两者截然不同的演化方向，这是“涌现”的本质。矛盾的对立统一的规律，是物质世界运动、变化和发展的最根本的规律，创造性地揭示了人类社会发展规律。这一理论犹如壮丽的日出，照亮了人类探索自然规律、把握历史规律、寻求自身解放的道路。

20世纪中期以来，以一般系统论、控制论、信息论为代表的“老三论”和以耗散结构论、协同论、突变论为代表的“新三论”，试图解决当前科学研究中的复杂系统问题。然而，这些理论尚停留在定性描述阶段，在本质上都逃不脱“普遍联系、对立统一、质量互变、否定之否定”的规律，并无实质上的创新可言。虽然它们在一定程度上解决了简单巨系统的开放性、自组织等问题，但没有解决复杂系统的不确定性、涌现性等问题，特别是忽视了人的因素，无法应对有人参与的复杂系统。

令人担忧的是，当代科学的发展，并未像上述历史巨人那样，再现数百年来“系统论”思想的辉煌，反而向“还原论”的一极化方向发展。具体表现在两大方面：

在“物质规律”的探究上，忽略了系统的层次性。例如，试图把相对论和量子物理兼容起来，放到一个数学化的公式里。包括一些顶尖物理学家在内的无数物理学家，前赴后继，痴迷于完成爱因斯坦没完成的工作，寻找一个能统一相对论和量子力学的“万物至理”，并将希望寄托于“超弦理论”上。然而，正如诺贝尔奖获得者罗伯特·克劳林所言，“超弦理论”实际上是一堆与宇宙学没有什么共同之处的数学游戏，是一堆可望不可即的漂亮概念，除了维系“万物至理”的神秘性之外，没有任何实际用途。试问，难道“兔子见了狐狸会跑”这一宏观特性，能与化学反应或是原子结构统一到一个公式里吗？当前的物理教科书与数十年前的区别不大，可以看出近百年来人类再也没有取得可以比肩相对论和量子物理的里程碑式突破，物理学处于一定程度的“停滞”状态。

在“意识规律”的探究上，忽略了系统的涌现性。比如，试图把意识的规律完全还原到神经和细胞层次。当无机物发展到有机物、细胞发展到人体的时候，人们遇到了一套新的规律。低级的规律在高级的领域里几乎没有发挥作用，系统的涌现性具有凌驾于低级组织需求之上的特性。无机物、有机物、细胞、人体直到意识，高层次的涌现物不能归结为低层次的涌现物，每个层次都需要不同的规律和探究方法。脑科学、认知神经学甚至人工智能的缓慢发展，意味着单纯“还原论”的思维方式已经走入了死胡同。

当下，我们不断遇到材料的极限、动力的窘境、能源的危机、生命的无助、智能的瓶颈。应用科技看似发展迅速，实际上已经快要榨干基础科学这个河床的最后一滴水。要想真正前进，就必须用思想的大飞跃，催生科技大爆炸、产业大变革。

“问题是时代的声音”。系统工程中国学派的创始人钱学森，运用唯物辩证法的基本原理，创立了“开放的复杂巨系统理论”。这一理论解决了一般系统论没有解决的问题，为基础科学的颠覆式创新奠定了基础，具有三个划时代的优越性：

——实现了“还原论”与“整体论”的对立统一，能够解决复杂系统的涌现问题。既避免了“还原论”思想中“只见树木，不见森林”的矛盾，也避免了“整体论”思想中“只见森林，不见树木”的弊端。

——开创了人-机-环境系统工程，从而有效处理有人参与的复杂社会问题，通过“人机合一、机环融合”，实现了中国古代人天观的科学化。

——提出了从定性到定量的综合集成方法，为解决所有开放的复杂巨系统问题提供了有效管用的方法工具，更好地实现了“集大成、得智慧”。

70 多年来，西方和中国的大规模航天和国防工程的实施，是系统科学体系的实践之基；150 多年来，马克思、恩格斯创立的唯物辩证法，是系统科学体系的哲学之魂；2500 多年来，先秦的百家争鸣和西方的古典哲学，是系统科学体系的思想之源。“千淘万漉虽辛苦，吹尽狂沙始到金”。系统工程中国学派见证了惊心动魄的历史巨变、凝聚着前无古人的伟大创造，是中国人民融会东西、贯通古今所取得的智慧结晶。

数以万计的人用一生研究系统科学；数以十万计的人无论研究什么都绕不开“开放的复杂巨系统”的哲学本源；数以千万计的人因为“还原论”与“整体论”的碰撞而进行探索、斗争；数以亿计的人总在自觉或者不自觉地践行着由“系统论”引发的第二次文艺复兴的理想。钱学森系统论虽诞生于 20 世纪，却没有停留在过去，而是穿透了 21 世纪的时光走廊，形成了有巨大韧性的学术藤蔓；它虽然生于中国，但却没有局限于中国，而是正在影响世界和人类的发展。

人类社会每一次飞速发展、人类文明每一次重大跃升，都离不开理论的变革、思想的先导。这是一个需要理论而且一定能够产生理论的时代，这是一个需要思想而且一定能够产生思想的时代。正如基辛格所说：中国是独一无二的，没有哪个国家享有如此悠久的连绵不断的文明，抑或其古老的战略和政治韬略的历史及传统如此一脉相承。为人类文明“锚”定乾坤，需要站在“高山之巅”，遍览“山下之景”，找到融会东西方、跨越几千年的时代智慧。

后 记

《洞见新的世界：钱学森与他开启的智慧之门》一书从还原论和整体论思想范式演变出发，阐述了钱学森系统论思想，特别是开放的复杂巨系统理论的缘起、发展、成熟、创新，试图拨开时代的迷雾，为人类认识客观世界、改造客观世界提供新的理论武器。

谨以此书纪念优秀的共产党员、系统工程中国学派创始人、伟大的人民科学家钱学森，向中国共产党成立100周年献礼。

本书由中国航天系统科学与工程研究院院长薛惠锋负责总体策划并亲自指导，钱学森决策顾问委员会主任委员、上海交通大学钱学森图书馆馆长钱永刚教授为本书撰写提供了许多资料与指导意见。中国航天系统科学与工程研究院组织团队承担了具体编写与校核工作，包括（按姓氏拼音顺序）：卜朝燕、崔惠敏、代姝婷、董恒敏、杜红艳、高玉峰、郝晓芳、胡良元、贾之楠、睢冬名、康熙曈、李虹、刘方润亚、刘健、刘骄剑、刘雅楠、卢志昂、马雪梅、毛寅轩、苗苑、戚耀元、师博雅、石倩、石胜友、史博华、孙璞、田涛、王登、王凤娇、王海南、王跻霖、王珅伟、王萌、王睿、王婷婷、王鑫、王馨慧、王叶茵、谢雪、徐广玉、薛琼、闫陈静、燕志琴、杨怡欣、于成龙、于朝晖、张辉、张家华、张琪、张伟、张璋、赵滨、赵滟、赵颖、周梦琳、周少鹏、宗恒山和左小荣。

在此，谨向所有参与和支持本书写作、修订和出版的各单位、部门和个人致以最诚挚的谢意！特别感谢五洲传播出版社和科学出版社为出版此书所付出的辛勤努力。

本书如有错误及不妥之处，敬请广大读者批评指正。

编 者

二〇二一年五月